国有林场 GEF 项目中国实践系列丛书

国家林业和草原局国有林场和种苗管理司　组织编写

森林景观恢复理念的
中国实践

中国林业出版社
China Forestry Publishing House

丛书简介

国有林场 GEF 项目在森林景观恢复、森林生态系统服务、山水林田湖草沙生命共同体三大核心理念的指导下，通过大胆探索和实地实施，形成了众多项目成果。本丛书精选了其中最具创新性、引领性、时代性特征的三个成果编写成书——《新型森林经营方案的中国实践》《山水林田湖草沙生态保护修复的中国实践》《森林景观恢复理念的中国实践》，展示将森林景观恢复理念本土化、主流化的实践经验，以期为我国森林生态系统服务功能的提升、山水林田湖草沙综合修复和一体化治理提供参考和借鉴。

图书在版编目（CIP）数据

森林景观恢复理念的中国实践 / 国家林业和草原局国有林场和种苗管理司组织编写. —北京：中国林业出版社，2023.11

（国有林场 GEF 项目中国实践系列丛书）

ISBN 978-7-5219-2330-8

Ⅰ. ①森…　Ⅱ. ①国…　Ⅲ. ①森林景观－景观规划－中国－指南　Ⅳ. ①S718.5-62

中国国家版本馆 CIP 数据核字（2023）第 168462 号

责任编辑：于晓文　于界芬
封面设计：大漠方圆

出版发行：中国林业出版社
　　　　　（100009，北京市西城区刘海胡同 7 号，电话 010-83143549）
电子邮箱：cfphzbs@163.com
网址：www.forestry.gov.cn/lycb.html
印刷：河北京平诚乾印刷有限公司
版次：2023 年 11 月第 1 版
印次：2023 年 11 月第 1 次
开本：710 mm×1000 mm　1/16
印张：4.75
插页：8
字数：125 千字
定价：146.00 元（全 3 册）

前　言

　　党的十八大以来，我国生态保护修复工作取得历史性成就，生态系统稳定性不断提升，为美丽中国建设奠定坚实的绿色根基。十年来，我国坚持以大工程带动国土绿化大发展，天然林资源保护、退耕还林还草、三北防护林等重大工程，营林造林总量质量齐头并进。全国累计完成造林10.2亿亩，人工林面积稳居世界第一。我国成为全球森林资源增长最快最多的国家，2016年以来，中央财政年均投入约100亿元，在全国统筹布局实施51个山水林田湖草沙一体化保护和修复工程（简称"山水工程"）。预计2021—2030年总投资超过2500亿元，将让1000万公顷国土再现勃勃生机。

　　2018年，中共中央、国务院颁布了《关于全面加强生态环境保护坚决打好污染防治攻坚战的意见》，提出山水林田湖草是生命共同体，生态环境是统一的有机整体，要全方位、全地域、全过程地开展生态环境保护。2020年，习近平总书记在联合国生物多样性峰会上的讲话指出："人与自然是命运共同体，我们要同心协力，抓紧行动，在发展中保护，在保护中发展，共建万物和谐的美丽家园。"党的二十大报告指出，"中国式现代化是人与自然和谐共生的现代化"，明确了我国新时代生态文明建设的战略任务，总基调是推动绿色发展，促进人与自然和谐共生。

在过去的 20 年里，"基于自然的解决方案"（nature-based solutions，NbS）的概念在保护、可持续管理、恢复和修复自然生态系统的行动中应运而生，使这些活动有效地、适应性地应对社会挑战，同时造福人类和自然。作为一种基于自然的解决方案，森林景观恢复（forest landscape restoration，FLR）的理念和方法在应对全球森林退化问题、恢复退化的森林景观、保护生物多样性与适应气候变化等领域得到了广泛的应用。森林景观恢复已成为多边环境协议的常用术语。森林景观恢复还通过"波恩挑战"（Bonn Challenge）倡议得到了促进，其目标是到 2020 年使 1.5 亿公顷退化和被砍伐的森林景观得到恢复，到 2030 年使 3.5 亿公顷森林景观得到恢复。

世界自然保护联盟（IUCN）主席 Andrew Steer 曾指出："森林景观恢复不仅被认为是一种规模化恢复生态完整性的重要手段，同时从全球到地方层面都能助力人民生计、经济、粮食和燃料生产，保障水安全，以及增强气候变化的适应和缓解能力。"

森林景观恢复的核心理念是提高"生态完整性"和"人类福祉"，强调在景观尺度上恢复森林的各种功能，以满足利益相关方的社会、经济和生态等多种需求。作为一种理念方法框架，森林景观恢复并非标准化的操作模式，而是一种因地制宜的技术和方法。基于森林景观恢复的核心理念，衍生出森林景观恢复的 6 项应用原则：景观水平、维持和增强自然生态系统、恢复多种功能、因地制宜、利益相关方参与、适应性管理。只有在恢复项目中遵循森林景观恢复的应用原则，才能使恢复实践达到其预期的目标。

"通过森林景观规划和国有林场改革，增强中国人工林生态系统服务功能项目"（简称"国有林场 GEF 项目"）于 2018 年获得全球环境基金（GEF）

资助。国家林业和草原局为国内执行机构，世界自然保护联盟（IUCN）为国际执行机构。项目实施区域包括河北省承德市、江西省赣州市、贵州省毕节市，项目目标是在中国加强基于森林景观恢复的各项政策，通过一系列的项目实践，在试点地区提高森林景观的生产力，以减少土地退化、保护生物多样性、增强对气候变化的适应能力。项目主要以选定的 7 个试点国有林场为主体，利用国有林场改革的历史机遇，借鉴森林景观恢复等国际先进理念，编制新型森林经营方案，探索形成一套有效提高国有林场治理能力、精准提升中国人工林生态系统服务功能的机制体制；以选定的 2 县 1 市为单位，探索编制森林景观恢复规划，强化监测，加强宣传交流、能力建设和经验分享，充分发挥国际项目的示范引领作用。

　　本书共分四章：第一章介绍了森林景观恢复的基本理念和应用原则。第二章概述了中国开展生态修复的现状及实施的国家级森林景观恢复工程，分析了森林景观恢复理念在我国的应用前景。第三章首次提出了中国森林景观恢复评估标准及应用指南，旨在为我国森林景观恢复实践提供一套中国本土化的评估框架，为各省、区域、经营单位制定适合当地情况的具体评估标准指标提供基础和方向性指南。该评估标准针对全国范围内的森林景观恢复项目或活动，具有通用性和概括性。因此，在实际应用中可根据当地具体情况，基于本标准框架制定更加细化的下一层级评估指标。第四章介绍了 6 个森林景观恢复的中国案例。每个案例均从背景及面临的主要问题、森林景观恢复目标、森林景观恢复措施、取得的成效等方面展示了中国在应用森林景观恢复理念方面的特色。这些案例均不同程度地体现了森林景观恢复理念的核心原则，为森林景观恢复理念在中国的应用和推广提供了有益的经验和启示，也为森林景观恢复理念的进一步发展和完善提供了中国方案。

　　本书基于国有林场 GEF 项目的主要产出，通过对森林景观恢复理念的介绍，制定中国的森林景观恢复评估标准，推出森林景观恢复中国案例，以期为推动森林景观恢复这一先进理念在中国的本土化和主流化提供决策参考，进而服务于中国的生态文明建设。

　　本书得到了全球环境基金和世界自然保护联盟的支持，在此致谢。

本书编委会

2023年8月

目　录

第一章

森林景观恢复

一、森林景观恢复的基本理念

森林退化和丧失是全球性问题，联合国粮食及农业组织（FAO）发布的《2007 年世界森林状况报告》指出，世界森林面积以每年 730 万公顷的速度在减少，1990—2020 年世界森林面积减少了 1.78 亿公顷。为应对世界范围内日益严重的森林退化问题、恢复退化的森林景观，世界自然保护联盟（IUCN）、世界自然基金会（WWF）及其他一些非政府组织在 2001 年首先提出了森林景观恢复（forest landscape restoration，FLR）的概念。森林景观恢复是指在被砍伐或发生退化的森林景观中，有计划地重新实现生态完整性并促进人类福祉的过程。

由于不同国家和区域森林退化的原因各异，支持或限制森林景观恢复的当地条件也大不相同，因此无法制定一种方法在每个地点一致地执行森林景观恢复，需确定森林景观恢复核心原则，指导森林景观恢复理念应用，有助于森林景观恢复目标和恢复效益的实现。世界自然保护联盟等国际组织提出了森林景观恢复应遵循的核心原则，获得了广泛的共识。

（一）注重景观

注重景观是森林景观恢复的核心，强调在景观层面上为森林恢复制定目标。景观尺度森林恢复通常需要解决社会和生态需求，考虑和恢复整体景观而不是几个孤立的点。这需要在整体景观内平衡这些斑块状相对独立的区域，例如森林保护区、人工林、生态廊道、农林复合系统、经济林和防护林等。

如果仅从生态系统尺度上考虑恢复，则忽视了生态系统与周围环境的关系，很多失败的恢复项目都可归因于此。在景观尺度上实现了空间镶嵌稳定，才能实现土地利用的稳定性。

（二）恢复生态功能

生态功能即生态系统服务，是指生态系统在维持生命的物质循环和能量转换过程中为人类提供的惠益。生态系统服务是"人们从生态系统中获得的效益"。它们包括供给服务（如木材、食物、水、燃料）、调节服务（如调节气候和洪水等自然灾害）、支持服务（如固碳释氧、维持生物多样性等）、文化服务（如休闲、旅游等）。生态系统服务功能的增强或削弱将会导致以其为基础的人类福祉的变化。

森林景观恢复强调恢复生态功能，而非恢复"原始"状态。这通常意味着要将森林的结构和生态特性恢复到更自然的状态，而非恢复原始的植被。生态功能的恢复程度一般通过对生态系统服务的价值评估进行衡量。

（三）多重效益并重

生态、社会、经济等多重效益并重意味着森林景观恢复活动应该满足多种需求。利益相关方对森林景观恢复的需求是各不相同的，甚至常常是互相排斥的。因此，多重效益需要在景观尺度上考虑，而非在特定的立地上。

多重效益并重在森林景观恢复项目中最直接的体现就是不同土地利用方式的权衡取舍。例如，在一些区域通过农田防护林建设，增加农产品的产量，减少侵蚀，适当遮荫，增加薪柴来源。而在另外一些区域增加森林郁闭度以增加碳汇，保护地下水并为野生动物提供良好的栖息地。但需要注意的是，每一种恢复模式都有其独特性，森林景观恢复并没有绝对的标准答案。

（四）多种技术措施平衡

在整个景观中强调各种技术措施的融合运用，而不是依靠某种特定类型的干预措施。在景观中恢复森林应尽可能考虑多种切实可行的技术措施，从天然更新到人工造林都要考虑。在不同的背景条件下应选择不同的技术措施，这取决于对立地水平上生物物理、社会因素以及经济成本的评估。

森林景观的恢复措施一般包括封育保护、天然更新、补植、人工造林、农林复合经营等。一般应选择那些干扰最小的方法，一方面是因为这是最接近于自然的恢复过程；另一方面是因为干预越主动，成本可能越高。同时也应考虑，这些措施兼顾了利益相关方的长期利益和短期利益。

(五) 利益相关方参与

利益相关方参与是参与式理论在森林资源管理中的实际应用。森林景观恢复的实践证明，只有取得大多数利益相关方的支持，景观恢复活动才能获得长期效益。世界自然基金会（WWF）认为，利益相关方的积极参与是森林景观恢复的关键要素。而在多个利益相关方当中，需要得到重视的是弱势利益相关方和当地居民的意见和决策参与。森林的退化和丧失不可避免地影响到了当地居民的生计并导致部分人处于致贫的困境，恢复方案只有满足了弱势利益相关方和当地居民的诉求，才是真正提高人类福祉的体现。

(六) 因地制宜

森林景观恢复具有高度个性化的特征，因此需要根据每种景观自身的社会、生态特点量身定制恢复方案。森林景观恢复的各项措施要充分考虑当地社会经济条件和生态现状，没有一个通用方案适合所有地区。森林景观恢复项目的实施应基于对当地状况的准确评估，这种基线评估应考虑森林丧失和退化带来的影响、导致变化的主要因素、当地社区生计面临的风险、恢复项目的预期成本效益等。

森林景观恢复要求立地水平的恢复措施必须是因地制宜的。这需要考虑当地的生态因素，如物种丰富程度和结构特征、当地社区对森林资源的利用情况、不同修复方法的有效性、森林恢复的方式和速度、政策背景、当地不同生态系统服务的价值以及利益相关方的知识水平等。

(七) 避免减少天然林

天然林是重要的种质资源基因库，对于生物多样性保护具有重要意义，是恢复重建的自然参照体系，在森林景观恢复过程中应阻止天然林的进一步退化和减少。

对于退化的原始林，一般采用"被动恢复"的模式，即依靠群落的自我修复机制和天然更新能力，在排除外界干扰的条件下迅速恢复其结构和功能。对于天然次生林，在保护的同时，通过采用补植目的树种、抚育、间伐、清除杂灌草等适度人工辅助措施，实现天然恢复。

（八）循序渐进

森林景观恢复不仅仅是种树，还是一个长期的过程。恢复景观层面的复杂生态系统、利益相关方的竞争性需求、大量未知因素都决定了这一过程必须是循序渐进的。

在实施森林景观恢复的几年甚至十几年之后，很可能会出现前期没有预测到的结果或环境的变化，但这并不意味着恢复的失败，而应将此作为景观尺度上恢复复杂生态系统的正常过程。应该基于适应性管理的理念，随时根据社会、环境、经济条件的变化及时调整森林景观恢复规划，并在实施过程中进行监测、评价和调整。

二、森林景观恢复理念在我国的应用前景

（一）明确定位

在过去 20 年间，作为一种"基于自然的解决方案（nature-based solutions，NbS）"，森林景观恢复的理念和方法在应对全球森林退化、恢复退化的森林景观、保护生物多样性与适应气候变化等领域得到了广泛的应用。森林景观恢复已成为多边环境协议的常用术语，也被联合国纳入"里约三公约"（the three Rio Conventions）。国际社会于 2011 年发起的"波恩挑战"（Bonn Challenge）倡议目标提出，采用森林景观恢复的方法在 2020 年前在全球恢复 1.5 亿公顷退化和被砍伐林地，以实现"爱知生物多样性目标"（Aichi Biodiversity Targets）及防治荒漠化和土地衰退。

森林景观恢复的理念在我国应定位于一种综合性的恢复方法，是我国各种传统生态恢复方法的有益补充。森林景观恢复强调致力于恢复生态完整性和谋求增进人类福祉，涉及景观生态学、恢复生态学、利益相关方理论、适应性管理等多学科的知识。但其技术方法的应用并非另起炉灶，而是现有各种生态恢

复方法的有机结合，充分利用现有数据、信息和规划成果开展恢复活动。

(二) 理念推广

森林景观恢复的理念提出已将近 20 年，我国目前仍处于理念推广和初步应用阶段。就目前我国应用实践来看，各级林业主管部门、森林经营单位、规划部门对森林景观恢复理念均缺乏系统、科学的认识，对森林景观恢复的原则和方法知之甚少，特别是基层森林经营单位对景观分析、利益方参与、适应性管理等理念缺乏实践认知，较少有成熟的经验可供学习和复制。通过培训、研讨、宣传等方式进行推广，是森林景观恢复在中国科学有效应用的首要任务。

(三) 试点示范

森林景观恢复的理念及方法有其独特性和特定要求，森林景观恢复也是一种因地制宜的方法，并无固定的标准操作模式。因此，通过开展试点示范，在恢复项目中遵循森林景观恢复的应用原则，科学有效地应用森林景观恢复的技术与方法体系，将为更大范围应用森林景观恢复理念树立可供参照的样板，为总结一套应用于全国的森林景观恢复操作指南积累经验。

(四) 工程带动

我国从 20 世纪 80 年代开始，已经实施了许多国家级的森林景观恢复项目，如天然林资源保护工程、退耕还林工程、速生丰产用材林基地建设工程、国家储备林建设林业重点生态工程、山水工程等。截至目前，这些生态工程取得了较好的社会、经济和生态效益，总体上实现了在景观尺度上恢复生态完整性和增进人类福祉的理念。但与此同时，有些工程项目与最新国际理念倡导的森林景观恢复原则仍有差距，比如在利益相关方参与、满足多种需求、适应性管理、因地制宜等方面存在的问题，造成部分工程项目未能完全达到预期的效果。特别是部分工程项目仅仅以恢复森林面积为主要目标，缺乏人类福祉目标和生态目标，只能带来非常有限的效益。

在中国建设生态文明的新历史时期，首先在国家级生态工程中应用森林景观恢复等先进理念和技术方法，仍是推动理念实施的最重要途径和模式之一。通过大型生态工程的建设带动森林景观恢复相关的研究、应用及本土化和主流化。

（五）技术支撑

开展森林景观恢复项目，制定森林景观恢复措施（或方案）首先面临三个根本问题：一是应该优先恢复哪些区域？二是这些区域的森林景观过去是如何发生变化的？三是希望这些森林景观将来要恢复达到什么社会、经济和生态目标？

为了充分回答这三个问题，需确定森林景观恢复的三项关键因子：一是确定优先恢复区域；二是分析景观格局与动态；三是建立生态系统服务监测和评价指标。

这些关键技术是开展森林景观恢复工作的核心，也是中国基层森林经营单位开展森林景观恢复面临的难点，需要科研机构和大学给予技术支撑和实践指导，以使森林景观恢复工作满足科学性、系统性和适宜性的要求。

（六）操作指南

由于对森林景观恢复的基本特征缺乏清晰的认识，经常有人将其等同于森林恢复、恢复大面积森林、生态恢复等。国内外的案例表明，未能遵循森林景观恢复的基本原则或忽视关键环节甚至经常导致相关恢复项目的重大缺陷或失败。介于此，我国应编制专门的森林景观恢复应用指南，以指导各省、地区、森林经营单位的森林景观恢复项目。针对森林景观恢复所涉及的关键技术环节，如景观动态分析、利益相关方参与、恢复机会评估等方面提供可操作的最佳实践指南和工具方法。

第二章

中国森林景观恢复实践

一、中国生态恢复现状

中国具有丰富多样的气候类型和自然地理环境，从而形成了生物种类繁多、植被类型多样的生态环境。在中国自然分布的野生动物中，有脊椎动物 7300 余种、已定名昆虫约 13 万种；其中，大熊猫、朱鹮等 400 多种野生动物为中国特有。脊椎动物中，兽类 564 种、鸟类 1445 种、两栖类 416 种、爬行类 463 种，其余为鱼类。中国有高等植物 3 万多种，居世界前 3 位，其中特有植物种类 1.7 万余种。

由于 20 世纪 50 年代至 80 年代森林的过度开发和不健全的土地利用政策，导致中国出现了严重的生态问题，包括森林退化、土壤侵蚀、生物多样性丧失和频繁的自然灾害。20 世纪 90 年代末，中国启动了天然林资源保护工程等全国性的生态恢复项目，并作出了前所未有的努力来保护和恢复森林和土地，并取得了显著的进展。

中国的森林覆盖率由 1949 年的 8.6% 提高到 2018 年的 22.96%，森林面积达到 2.2 亿公顷，森林蓄积量 175.6 亿立方米，预计 2035 年全国森林覆盖率将达到 26%。近年来，中国不断加强森林资源保护管理，森林质量不断提升，生态功能持续改善，森林植被的总碳储量达到 89.8 亿吨，年涵养水源 6289.5 亿立方米，年固定土壤 87.48 亿吨。森林采伐监管不断优化，实施天然林商业性采伐零限额，每年减少天然林资源消耗 3400 万立方米，有效保护了 19.44 亿亩 * 天然乔木林。

累计治理水土流失面积 131.5 万平方千米，控制土壤流失 90% 以上，林草植被覆盖率提高 30% 以上，治理区生产生活条件和生态环境明显改善，为促进农业经济发展、减少江河湖库淤积提供了根本保障。

中国自然保护区数量由 1980 年的 72 个，增加到 2023 年的 1.18 万个，占国土面积 18% 以上。其中，包括国家公园体制试点 10 个，世界自然遗产 14 项，世界地质公园 41 个，国家级海洋特别保护区 67 个。自然保护区范围内保护着 90.5% 的陆地生态系统类型、85% 的野生动植物种类、65% 的高等植物群落。

---

*　1 亩 = 0.067 公顷

二、六大林业工程

植树造林、保护森林、改善生态是中国的一项基本国策。进入新世纪，中国政府更加重视生态建设，决定投资数千亿元，开展国家水平上的森林景观恢复综合项目。从 2001 年起开始实施了天然林资源保护工程、退耕还林工程、京津风沙源治理工程、三北和长江中下游地区等重点防护林建设工程、野生动植物保护和自然保护区建设工程、重点地区速生丰产用材林基地建设工程等六大林业重点工程。这六大工程的实施，不仅对中国改善生态环境、实现可持续发展发挥重要作用，也是对维护全球生态安全的重大贡献。

（一）天然林资源保护工程

主要解决天然林的休养生息和恢复发展问题。工程实施范围包括长江上游、黄河上中游地区和东北、内蒙古等重点国有林区的 17 个省份的 734 个县和 167 个森工局。2000—2010 年主要实现三大目标：一是切实保护好现有森林资源。长江上游、黄河上中游地区全面停止天然林的商品性采伐，东北、内蒙古等重点国有林区，按计划调减木材产量 1990.5 万立方米，对 9420 万公顷森林严加保护。二是加快森林资源培育步伐。长江上游、黄河上中游地区，新增林草面积 1466 万公顷，其中新增森林面积 866 万公顷，森林覆盖率增加 3.72 个百分点。三是妥善分流安置工程区内富余职工 74.1 万人。

（二）退耕还林工程

主要解决重点地区的水土流失问题。工程覆盖了 24 个省份。规划在 2001—2010 年，完成退耕还林 1466 万公顷，宜林荒山荒地造林 1733 万公顷。工程建成后工程区将增加林草覆盖率 5 个百分点，水土流失控制面积 8666 万公顷，防风固沙控制面积 1.03 亿公顷。

（三）京津风沙源治理工程

主要解决首都周围地区的风沙危害问题。一期工程时间为 2001—2012

年，包含北京、河北、天津、山西和内蒙古等 5 省份在内的 75 个县。国家累计安排资金 479 亿元，工程累计完成营造林 752.61 万公顷（其中退耕还林 109.47 万公顷），草地治理 1.4 亿亩，暖棚 1100 万平方米，饲料机械 12.7 万套，小流域综合治理 1.54 万平方千米，节水灌溉和水源工程 21.3 万处，生态移民 18 万人。北京、天津地区的生态大为改观。二期工程时间为 2013—2022 年，包括北京、河北、天津、山西、内蒙古和陕西等 6 省份在内的 138 个县，总投资 877.92 亿。

据统计，京津风沙源治理工程区森林覆盖率由 2000 年的 10.59% 提高到 2021 年的 18.67%，综合植被盖度由 39.8% 提高到 45.5%；沙化土地明显减少，流动沙地面积减少 10.29 万公顷，降幅达 30.68%。

（四）三北和长江中下游地区等重点防护林建设工程

主要解决三北地区（西北、华北和东北）的防沙治沙问题和其他地区各不相同的生态问题。具体包括三北防护林工程，长江、沿海、珠江防护林工程和太行山、平原绿化工程。

三北防护林工程是世界最大的林业生态工程，地跨我国西北、华北、东北 13 个省份，自 1978 年启动至今已有 45 年。截至目前，三北防护林工程共完成造林 4.8 亿亩，治理退化草原 12.8 亿亩、沙化土地 5 亿亩，工程区森林覆盖率由 1978 年的 5.05% 提高到目前的 13.84%，重点治理区实现了由"沙进人退"到"绿进沙退"的历史性转变，工程建设取得了显著的生态、经济、社会效益。

中国 1989 年启动了长江流域防护林体系建设一期工程，规划造林任务 648.4 万公顷。二期工程（2001—2010 年）建设范围扩大到长江、淮河、钱塘江流域，涉及 17 个省份的 1035 个县（市、区），规划造林任务为 687.72 万公顷。三期工程（2011—2020 年）规划造林任务为 530.21 万公顷。工程实施 30 多年来，累计完成造林 1184 万公顷。通过长江流域防护林体系建设，工程区的森林植被得到了迅速恢复，森林植被涵养水源、保持水土、调节径流、削减洪峰的防护功能有了很大提高。

珠江防护林工程是在珠江流域开展的林业生态建设工程。主要目的是防止珠江流域的植被减少，水土流失，洪灾、旱灾和泥石流的频繁发生，促进珠江流域经济社会可持续发展，保障国土生态安全。珠江防护林工程自建设以来，新增建设面积已经达到 7450.7 公顷，森林覆盖率提高了 2.3%，增加的蓄水面积达 279.4 万平方米，每年保土固土 44.7 万吨。

太行山绿化工程是在太行山石质山区营造水源涵养林、水土保持林，发展果木经济林，通过恢复和扩大森林植被，以提高山区的水土保持能力，并兼有较好的经济效益。工程建设范围包括山西、河北、河南、北京 4 省（直辖市）的 110 个县，总面积 1200 万公顷。工程于 1994 年全面铺开。工程实施以来，工程区森林覆盖率由 11% 提高到 22.4%，森林质量显著提升，林区生态环境明显改善，为京津冀协同发展提供了良好的生态条件。

全国平原绿化工程建设始于 1988 年的全国平原绿化达标。工程区涉及全国 26 个省（自治区、直辖市）的 957 个县（市、区、旗）。全国平原绿化累计完成造林、低效林改造任 1384.36 万公顷。全国平原绿化工程的实施，使平原地区有林地面积不断增加，森林覆盖率大幅度提高，农民生产生活条件得到显著改善，生态、经济和社会效益显著。

（五）野生动植物保护及自然保护区建设工程

主要解决物种保护、自然保护、湿地保护等问题。计划在 2001—2010 年抓好三个重点：一是建成大熊猫、金丝猴、藏羚羊、兰科植物等 15 个野生动植物保护项目；二是建成 200 个典型的森林、湿地和荒漠生态系统类型自然保护区项目，32 个湿地保护和合理利用示范项目，5 万个自然保护小区；三是建成国家野生动植物种质资源基因库、野生动植物国家科研体系和有关监测网络。

（六）重点地区速生丰产用材林基地建设工程

主要解决木材供应问题，同时减轻木材需求对森林资源的压力。工程布局于我国 400 毫米等雨量线以东的 18 个省份的 886 个县、114 个林业局、场，计划在 2001—2015 年，分三期建立速生丰产用材林基地近 1333 万公顷。工程建成后，每年能提供木材 1.3 亿立方米，约占我国当时商品材消费量的 40%，使我国木材供需基本趋于平衡。

六大工程规划范围覆盖了全国 97% 以上的县，规划造林任务达 7600 万公顷，工程范围之广、规模之大、投资之巨为历史所罕见，其中四项工程的规模都超过了苏联的改造大自然计划、美国的大草原林业工程和北非五国的绿色坝工程。

六大工程建设从试点和启动以来，取得重要进展。天然林资源保护工程区 9266 万公顷森林得到有效管护，占全国森林总面积的 60%，新增森林面积 633 万公顷，净增蓄积量 1.86 亿立方米。长江上游、黄河上中游 13 个省份全面停止了天然林商品性采伐，东北、内蒙古等国有林区调减木材产量 763 万立方米，53 万林区职工顺利实现转岗分流。退耕还林工程完成还林面积和荒山荒地造林面积 216 万公顷，经国家林业局（现国家林业和草原局）核查，2000 年度面积核实率 97.56%，合格率 87.36%。野生动植物保护和自然保护区建设工程，新建自然保护区 167 个，使森林和野生动植物类型自然保护区总数达到 1156 个，总面积 1.16 亿公顷，占国土面积的 12.09%。三北防护林工程完成沙化土地治理面积 158 万公顷。京津风沙源治理工程完成治理任务 90 万公顷。

三、山 水 工 程

山水工程是 2016 年我国财政部、自然资源部、生态环境部共同发起的山水林田湖草沙一体化保护和修复工程的简称。当时，为改变以往生态保护修复活动大多针对单一目标或单一生态要素，缺乏整体性、系统性的局面，习近平总书记提出了"山水林田湖草是一个生命共同体"的理念，倡导实施生态系统整体保护、系统修复、综合治理，实现人与自然和谐共生。为此，我国建立了科学高效的五级三类国土空间规划体系，明确了以"三区四带"为核心的中国重要生态系统保护和修复重大工程总体布局，中央财政年均投入约 100 亿元人民币，用于支持符合条件的山水工程，同时出台系列标准为工程实施提供技术指引。

2016—2020年，我国共实施了河北京津冀水源涵养区、陕西黄土高原、云南抚仙湖流域、长江上游生态屏障（重庆段）等25个山水工程。这些工程分布于中国"三区四带"生态安全屏障区域的关键生态节点，通过因地制宜选择保护保育、自然恢复、辅助再生、生态重建的技术模式，保护恢复了多种类型的生态系统。

截至2021年年底，25个山水工程已累计完成生态保护和修复面积约200万公顷；其中，土地综合整治面积约18万公顷，矿山生态修复面积约5万公顷，流域水环境治理面积约11万公顷，污染与退化土地修复面积约29万公顷，森林、草原植被恢复面积约22万公顷，生物多样性保护恢复面积约51万公顷。2021—2025年，我国将继续安排不少于500亿元资金，支持至少25个新的山水工程实施。

第三章

中国森林景观恢复评估标准及应用指南

随着森林景观恢复等基于自然的解决方案在全球得到广泛应用，日益融入国家和部门的政策，我国的地方政府部门以及森林、草原、湿地等自然资源经营、管理单位，迫切需要更清楚和准确地了解森林景观恢复理念如何在实践中应用。虽然世界自然保护联盟（IUCN）已经在国际层面制定了森林景观恢复的6个核心原则，但这些原则对于各国自然资源的经营者和管理者来说仍然是概念性的，既不够具体，也缺乏操作性。

本章指出的标准旨在为我国森林景观恢复实践提供一套国家水平上的评估标准框架，为各省、区域、经营单位制定适合当地情况的具体评估标准指标提供基础和方向性指南。

一、评估标准的用途

（1）标准针对全国范围内的森林景观恢复项目或活动，具有通用性和概括性。因此，在实际应用中，建议根据当地具体情况，基于本标准框架制定更加细化的下一层级评估指标。

（2）本标准可以作为一种自评估工具，使用者能够借助其评估恢复项目或活动与森林景观恢复国际原则的匹配程度，明确改进的方向。

（3）在明确评估程序、人员资格及实施细则的情况下，本标准也可作为第三方评估工具。独立机构可以应用本标准或基于本标准制定的指标对森林景观恢复项目进行符合性评估。

（4）本标准旨在支持使用者应用、学习和不断加强改进森林景观恢复措施的有效性、可持续性和适应性。因此，本标准并未设定固定、明确的阈值和各标准的权重，避免形成一刀切的僵化框架，而将这些灵活性保留在森林景观恢复的实施者层面。

（5）针对某一标准进行的解读旨在明确满足该条标准要求的工作方向和工作重点。满足标准要求的具体操作方法和步骤可能是多种多样的，也可能涉及不同的科学理论知识。本指南文件仅从遵循现有的最佳实践及科学文献出发，提供满足标准要求的基本建议，但并不指定或提供满足特定标准要求的唯一方法。

二、推荐的评估方法

本指南文件聚焦于提出一套对森林景观恢复理念进行中国本土化的评估标准框架，并对其进行解读。鉴于森林景观恢复评估标准应用的多种应用场景，实践中使用的评估方法也是各不相同的，因此，评估方法并不是本指南文件的重点内容。

两种常用的评估方法：

（1）简单评估。使用者可以直接应用本指南提出的标准框架评估恢复项目或活动与森林景观恢复国际原则的匹配程度，并确定是否符合森林景观恢复的理念，进而帮助明确项目或实践活动改进的方向。在此情境下，评估时无需对标准进行权重赋值，仅对恢复项目或活动的具体实践和操作与本标准框架的符合性进行定性评价即可。

（2）专业评估。专业评估一般由项目方或管理部门委托第三方机构进行。通过评估可以对多个恢复项目或活动进行较为严谨的一致性比较。

使用者首先应基于本标准框架制定更加具体的评估指标，并对标准和指标进行权重赋值。对这些权重的赋值可能因环境、社会、经济条件和项目方的要求而有所不同。

在此情境下，应明确评估的程序、人员资格和实施细则，通过对权重的计算，可以获得对森林景观恢复项目或活动各维度评估的得分，进而据此可以对不同省份、地区的森林景观恢复项目或活动进行比较评价。

三、标准的层级结构

本评估标准框架分为原则、一级标准和二级标准共三级结构。原则来自世界自然保护联盟（IUCN）提出的森林景观恢复6项核心原则；一级标准是对原则的初步细化，一般将一项原则划分为互相关联的几项一级标准。二级标准层级是对一级标准层级的细化，或者说是对原则层级的再次细化。二级标准一般是一个定性或者定量的变量，二级标准界定了操作水平上森林景观恢复实践应满足的要求和森林景观恢复评估的主要依据，为森林景观恢复实践与森林景观恢复理念的符合性提供了判定方法。

四、标准的特点

（1）一致性。本评估标准力求与森林景观恢复国际理念及核心原则保持一致，同时参考国际其他相关标准体系，例如：基于自然的解决方案全球标准、国际热带木材组织热带森林景观恢复指南等标准体系。

（2）中国特色。本评估标准既能衔接国际森林景观恢复相关原则和方法，又能结合中国生态文明思想和"生命共同体"理念。"生命共同体"是习近平总书记在党的十九大报告中提出的一个创新性的概念，它既是对人与自然关系的新概括，又是关于生态文明的新理念。"生命共同体"理念的一个重要特点在于它不是孤立地看待自然，而是将人置入其中，从人与自然的关系来看待自然。与这样的理念一脉相承，森林景观恢复标准也强调要在恢复的森林生态系统的各种产品和服务之间取得一种平衡，既考虑森林恢复，又考虑社会经济发展。在景观的尺度上，平衡社会、经济和环境方面的不同需求。

（3）适宜性。本评估标准是森林景观恢复国际原则在中国的本土化，必须与我国现有的自然资源体制机制、管理、规划、项目实施相适应，采用的方法和措施应同时符合我国的国情、林情和文化传统。

（4）系统性。本评估标准力求涵盖森林景观恢复项目或活动从数据收集、分析、规划编制、措施制定、实施、监测、评估反馈等各个阶段，对森林景观恢复实践做出系统性的技术指导。

（5）可操作性。本评估标准在操作层面应用，使用对象是地方政府部门或自然资源经营者。因此，标准的设置力求简洁易懂，尽量避免使用过于学术化和理论性的词语，便于基层单位理解和使用。

五、标 准 体 系

本评估标准体系包括了 6 个原则、14 个一级标准和 34 个二级标准（表 3-1）。

表 3-1 中国森林景观恢复评估标准框架

原则	一级标准	二级标准
1. 注重景观	1.1 景观需求分析	1.1.1 获得了土地利用和自然生态系统的的基本特征数据； 1.1.2 分析了土地利用和自然生态系统的动态变化； 1.1.3 识别了影响森林景观退化的关键问题； 1.1.4 分析了生态功能需求和生计改善需求；
	1.2 景观规划	1.2.1 基于"山水林田湖草沙"生命共同体理念，编制了森林景观恢复规划； 1.2.2 完成了生态空间规划和主体功能区划
2. 维持和增强自然生态系统	2.1 保护措施	2.1.1 制定了避免现存天然林转化为人工林或其他土地利用类型的措施； 2.1.2 采取了避免天然林破碎化的措施； 2.1.3 采取了改善现有天然林质量的措施；
	2.2 恢复措施	2.2.1 基于自然生态系统退化的程度制定了相应的恢复措施； 2.2.2 明确了采取恢复措施的优先区
3. 恢复多种功能	3.1 生态系统服务	3.1.1 进行了生态系统服务功能的本底评价； 3.1.2 制定了增强生态系统服务的策略；
	3.2 生计改善	3.2.1 基于当地生计改善需求制定相应的策略； 3.2.2 鼓励当地人参与森林景观恢复项目
4. 因地制宜	4.1 基于当地生态文明建设、社会经济发展的需求	4.1.1 设定了基于当地的生态文明建设、社会和经济状况的恢复目标；
	4.2 可行性分析	4.2.1 分析了森林景观恢复的政策、技术及经济可行性； 4.2.2 分析了森林景观恢复的融资策略； 4.2.3 分析了相关产品的市场营销以及面临的障碍

续表

原则	一级标准	二级标准
5. 利益相关方参与	5.1 当地利益相关方	5.1.1 识别了当地居民、职工、受影响的公众等当地利益相关方； 5.1.2 当地利益相关方参与了森林景观恢复规划的咨询和决策过程； 5.1.3 建立了利益相关方反馈意见的机制； 5.1.4 充分利用当地传统；
	5.2 部门协同	5.2.1 自然资源、林业、农业、水利、旅游等部门被邀请参与森林景观恢复规划的讨论和制定； 5.2.2 主要利益相关方共同关注的问题体现在森林景观恢复规划中；
	5.3 研究机构、大学和非政府组织参与	5.3.1 研究机构、大学和非政府组织被邀请参与森林景观恢复规划的制定、讨论或评审； 5.3.2 研究机构、大学和非政府组织被邀请参与森林景观恢复规划实施效果监测、评估
6. 适应性管理	6.1 监测评估	6.1.1 制定了针对生态系统服务功能的监测指标； 6.1.2 制定了针对社会和经济因素的监测和评估指标； 6.1.3 评估森林景观恢复成效；
	6.2 持续改进	6.2.1 基于监测和评估的结果调整恢复措施； 6.2.2 定期修订森林景观恢复规划；
	6.3 能力建设	6.3.1 开展知识培训等能力建设； 6.3.2 向社区和公众进行信息分享

六、应用指南

（一）注重景观

1. 基本原理

世界自然保护联盟（IUCN）对景观的定义是，在某一地区由于地质、地形地貌、土壤、气候、生物及人类的相互作用而形成的生态系统所构成的地理镶嵌结构。

森林景观是以森林生态系统为主体的景观，也包括以森林为主的其他类型的景观。

注重景观是森林景观恢复的核心，强调在景观层面上做出立地水平的恢复决策是森林景观恢复的重要特征。森林景观恢复的重点是恢复景观尺度上的森林功能，而不仅仅是种树以增加森林面积。各种景观要素并非简单地相加，而是为了实现更加多样化的景观目标。

景观尺度森林恢复通常需要解决生态和生计需求，考虑和恢复整体景观而不是几个孤立的点，这需要在整体景观内平衡这些相对独立的区域，例如森林保护区、人工林、生态廊道、农林复合系统、经济林和防护林等。

森林景观恢复规划的空间界定以流域为单元。流域体现了山水林田湖草沙各要素之间的地理空间和生态过程关系。

2. 标准导言

标准导言见表 3-2。

表 3-2 "原则 1 注重景观"的标准导言

标准 1.1 景观需求分析
标准 1.1.1 获得了土地利用和自然生态系统的的基本特征数据
导言：基本数据一般包括二类调查数据、土地利用现状图、林相图、地形图等国土资源调查数据
标准 1.1.2 分析了土地利用和自然生态系统的动态变化
导言：分析退化的天然林、次生林的分布、特征及动态变化。重点分析各类景观的面积及景观破碎化等方面，判断各类景观面积是否合理，分析重要景观类型（如顶极群落）的破碎化程度和景观的多样性、阐述景观空间布局的合理性
标准 1.1.3 识别了影响森林景观退化的关键问题
导言：通过土地利用变化和森林退化的关联性分析，确定影响森林景观退化的根本原因
标准 1.1.4 分析了生态功能需求和生计改善需求
导言：分析涵养水源、保持土壤、防风固沙、抵御灾害、固碳释氧、生物多样性保护、森林康养游憩等生态功能需求。分析提供扶贫攻坚、就业机会、提高职工收入、可持续发展等生计改善需求

续表

标准 1.2 景观规划
标准 1.2.1 基于"山水林田湖草沙"生命共同体理念，编制了森林景观恢复规划
导言："山水林田湖草沙"是一个生命共同体，这个生命共同体是人类生存发展的物质基础。从生态学的角度来说，"山水林田湖草沙"就是"景观"。"山水林田湖草沙"按照一定的规律在时间、空间上排布组合，并通过能量流动和物质循环相互联系、相互影响，在生命共同体中处于不同的地位，也发挥着不同的功能。景观规划的编制就是要基于山水林田湖草沙是一个生命共同体、综合治理的理念。 森林景观规划包括基于森林景观恢复理念的森林经营方案和山水林田湖草沙综合规划；森林经营单位可编制基于森林景观恢复理念的森林经营方案，超出森林经营单位的更大区域或整个县、市行政区域可编制山水林田湖草沙综合规划
标准 1.2.2 完成了生态空间规划和主体功能区划
导言：在区域层面，依托省、市（县）国土空间规划相关要求，分析生态重要区、生态脆弱区和生态经济区的生态环境问题及生态功能定位目标，提出地域重点功能空间区划及其恢复方向。在森林经营单位层面，从森林主导功能和经营目标对林场经营区进行区划，明确不同功能区的主要经营方向、经营措施和经营约束条件

（二）维持和增强自然生态系统

1. 基本原理

森林景观恢复的目的是阻止天然林和其他生态系统的退化，确保森林和其他自然生态系统的恢复、保护和可持续管理，促进生物多样性保护，并提高景观提供商品和生态系统服务的能力。森林景观恢复不应造成天然林、天然草原或其他自然生态系统的丧失或转化。

2. 标准导言

标准导言见表 3-3。

表 3-3 "原则 2 维持和增强自然生态系统"的标准导言

标准 2.1 保护措施
标准 2.1.1 制定了避免现存天然林转化为人工林或其他土地利用类型的措施
导言：应采取关键的纠正措施，以避免天然林进一步退化，并为未来的可持续利用提供基础
标准 2.1.2 采取了避免天然林破碎化的措施
导言：可以通过建立生态廊道增加天然林景观的连通性

标准 2.1.3　采取了改善现有天然林质量的措施

导言：提高天然林的质量主要是指将森林的结构和生态特性恢复到更自然的状态。可以采取疏伐、补植、促进更新层等措施，提升森林质量

标准 2.2　恢复措施

标准 2.2.1　基于自然生态系统退化的程度制定了相应的恢复措施

导言：对于退化的原始林，一般采用封禁等"被动恢复"的模式，即依靠群落的自我修复机制和天然更新能力，在排除外界干扰的条件下迅速恢复其结构和功能。对于天然次生林，在保护的同时，通过采用补植目的树种、抚育、间伐、清除杂灌草等适度人工辅助措施，实现天然恢复

标准 2.2.2　明确了采取恢复措施的优先区

导言：森林景观恢复往往既涉及众多的不同利益相关方，又是一个长期的过程，对所有退化的森林景观同时进行恢复是不现实的。因此，在考虑产生的各种成本和效益的基础上，确定森林景观恢复的优先恢复区至关重要。由世界自然保护联盟（IUCN）和世界资源研究所（World Resources Institute）开发的恢复机会评估方法（restoration opportunities assessment methodology，ROAM），提供了一种快速确定和分析国家或地区水平森林景观恢复优先区域的框架

（三）恢复多种功能

1. 基本原理

森林景观恢复的目标是恢复景观中的多种经济、社会和环境功能，并产生一系列公平地造福利益相关者的生态系统服务和产品。

生态系统服务是指生态系统在维持生命的物质循环和能量转换过程中为人类提供的惠益。生态系统服务是"人们从生态系统中获得的效益"，包括供给服务（如木材、食物、水、燃料）、调节服务（如调节气候和洪水等自然灾害）、支持服务（如固碳释氧、维持生物多样性等）、文化（社会）服务（如休闲、旅游等）。生态系统服务功能的增强或削弱将会导致以其为基础的人类福祉的变化。

恢复多种功能在森林景观恢复项目中的最直接体现就是不同土地利用方式的权衡取舍。例如，在一些区域通过农田防护林建设，增加农产品的产量，减

少侵蚀，适当遮荫，增加薪柴来源。而在另外一些区域增加森林郁闭度以增加碳汇，保护地下水并为野生动物提供良好的栖息地。

2. 标准导言

标准导言见表3-4。

表3-4 "原则3 恢复多种功能"的标准导言

标准 3.1 生态系统服务
标准 3.1.1 进行了生态系统服务功能的本底评价
导言：生态系统服务是人们从生态系统中获得的惠益，它为人类社会提供一系列福利、健康、生计和生存至关重要的产品。生态系统服务可以分为供给、调节、支持和文化服务四类。 供给服务：是人类直接从生态系统中获得的惠益，主要是生态系统产品，如食品、原材料、能源等。 调节服务：是人类间接从生态系统中获得的惠益，主要是对人类生存及生活质量有贡献的生态系统功能，如调节气候、涵养水源、保持水土、防风固沙及生物多样性保护等。 支持服务：是支持生命的自然环境条件等，对生态系统起支撑作用，如养分循环、土壤形成、初级生产力等。 文化（社会）服务：是生态系统为人类娱乐提供的社会、文化和欣赏价值。 可以二类资源数据调查为基础，按照森林生态服务功能评估规范，评估森林生态服务功能
标准 3.1.2 制定了增强生态系统服务的策略
导言：基于森林生态服务功能评价的结果，明确当地主要的生态系统服务，通过植被恢复、林分调整等策略增强这些生态系统服务。这些策略应与森林主导功能区划、生计改善策略是相统一的
标准 3.2 生计改善
标准 3.2.1 基于当地生计改善需求制定了相应的策略
导言：森林景观恢复项目中必须包括改善生计的活动，开展的项目也应针对当地人的需求。应基于生计改善需求分析，制定相应的策略。这些策略应该与增强生态系统服务的策略是相统一的
标准 3.2.2 鼓励当地人参与森林景观恢复项目
导言：为当地人提供与森林景观恢复有关的工作机会，不仅可以改善其生计，也是影响森林景观恢复项目成败至关重要的因素

（四）因地制宜

1. 基本原理

森林景观恢复的各项措施要充分考虑当地社会经济条件和生态现状，没有一个通用方案适合所有地区。森林景观恢复项目的实施应基于对当地状况的准确评估，这种基线评估应考虑森林丧失和退化带来的影响、导致变化的主要因素、当地社区生计面临的风险、恢复项目的预期成本效益等。

2. 标准导言

标准导言见表3-5。

表3-5 "原则4 因地制宜"的标准导言

标准4.1 基于当地生态文明建设、社会经济发展的需求
标准4.1.1 设定了基于当地的生态文明建设、社会和经济状况的恢复目标
导言：坚持人与自然和谐共生是生态文明建设的核心，也是森林景观恢复理念倡导的重要原则。在制定森林景观恢复的目标时，应与当地生态文明建设目标紧密结合，协调一致。恢复目标可分为生态系统服务提升目标、森林景观优化目标、生计改善目标三大类。生态系统服务目标重点围绕涵养水源、保持土壤、防风固沙、抵御灾害、固碳释氧、生物多样性保护、森林康养游憩等；森林景观目标重点围绕"优化森林景观"，如改善森林年龄结构、调整树种结构、优化景观格局等；生计改善目标主要针对提供可持续的木材和非木质产品、提供就业机会、提高森林经营利润、增加当地人收入及改善人居环境等
标准4.2 可行性分析
标准4.2.1 分析了森林景观恢复的政策、技术及经济可行性
导言：分析现行政策和技术对森林景观恢复的利弊，有哪些障碍。分析恢复措施的成本和效益
标准4.2.2 分析了森林景观恢复的融资策略
导言：森林景观恢复项目、方案和措施只有在经济和财政上可行的情况下才能持续。分析了森林景观恢复的融资渠道及潜力，包括政府财政支持以及社会资本投资等
标准4.2.3 分析了相关产品的市场营销以及面临的障碍
导言：森林景观恢复的最终目标是让当地人以可持续的方式改善他们的生计和收入。从森林景观恢复获得的产品和生态系统服务的市场需求将是决定森林景观恢复措施适宜性的重要因素。分析当地的木材或非木质林产品的生产力、盈利能力等市场机遇，分析开发这些产品的成本效益和面临的困难

（五）利益相关方参与

1. 基本原理

利益相关方即直接或间接地影响森林景观恢复行动或被森林景观恢复行动

影响的个人、团体或组织。利益相关方参与是森林景观恢复理念的核心，是参与式理论在森林资源管理中的实际应用。通过识别主要的利益相关方，并邀请其参与制定恢复目标、恢复措施以及权衡利弊，最终制定出一个统一的森林景观恢复计划。"参与"贯穿于森林景观恢复的整个过程。

考虑到不同利益相关方之间目的、利益、关注点各不相同，不同土地利用方式、空间配置、所占比例等都需要在森林景观恢复决策中进行权衡和取舍，在利益相关方参与过程中的沟通、协商至关重要，这也是森林景观恢复成效持久性的重要保证。

2．标准导言

标准导言见表3–6。

表3–6 "原则5利益相关方参与"的标准导言

标准5.1 当地利益相关方
标准5.1.1 识别了当地居民、职工、受影响的公众等当地利益相关方
导言：森林、产品和服务对于不同人群的重要性是不同的，森林变化对他们产生的影响也是不同的，因此，森林景观恢复应考虑所有利益相关者的需求
标准5.1.2 当地利益相关方参与了森林景观恢复规划的咨询和决策过程
导言：森林景观恢复建立在公众参与的基础上，需要利益相关方积极参与景观恢复的决策过程。在森林景观恢复中应用利益相关方的方法，识别、了解及解决主要利益相关方的利益和关注重点至关重要
标准5.1.3 建立了利益相关方反馈意见的机制
导言：森林景观恢复是长期的过程，应建立接收和处理利益相关方意见建议的长期机制，以不断优化恢复规划和恢复措施
标准5.1.4 充分利用当地的知识
导言：当地的利益相关方，特别是少数民族，往往拥有关于生物多样性、土壤和多功能景观用途的丰富知识。应积极地在森林景观恢复的规划和实施中确定和纳入当地传统的知识和实践
标准5.2 部门协同
标准5.2.1 自然资源、林业、农业、水利、旅游等部门被邀请参与森林景观恢复规划的讨论和制定
导言：森林景观恢复涉及多部门，森林景观恢复从数据收集到规划设计及具体实施，都应寻求自然资源、林业、农业、水利、旅游等部门的共同参与

标准 5.2.2　主要利益相关方共同关注的问题体现在森林景观恢复规划中

导言：在进行生态需求和生计需求讨论和分析时，应将主要利益方共同关注的共性问题达成一致，并反映在森林景观恢复规划中

标准 5.3　研究机构、大学和非政府组织参与

标准 5.3.1　研究机构、大学和非政府组织被邀请参与森林景观恢复规划的制定、讨论或评审

导言：森林景观恢复是一种将多学科的理论与方法应用到具体恢复实践的方法，以应对土地退化、气候变化、生物多样性保护和可持续发展等社会、经济和生态问题。森林景观恢复具有很大的复杂性，因此，应积极寻求研究机构、大学和非政府组织的参与和支持

标准 5.3.2　研究机构、大学和非政府组织被邀请参与森林景观恢复规划实施效果监测、评估

导言：研究机构、大学和非政府组织参与森林景观恢复规划实施效果监测、评估，有助于确保科学、有效、公正地评估规划的实施效果，为适应性管理提供支撑

（六）适应性管理

1. 基本原理

森林景观恢复不仅仅是种树，还是一个长期的过程。恢复景观层面的复杂生态系统、利益相关方的竞争性需求、大量未知因素都决定了这一过程必须是循序渐进的。

应该基于适应性管理的理念，随时根据社会、环境、经济条件的变化及时调整森林景观恢复规划，并在实施过程中进行监测、评估和调整。

监测指标选取应遵循科学合理性、简单可得性、经济适用性和典型代表性的原则。

2. 标准导言

标准导言见表 3-7。

表 3-7　"原则 6 适应性管理"的标准导言

标准 6.1　监测评估

标准 6.1.1　制定了针对生态系统服务功能的监测指标

导言：森林景观恢复的核心目标之一是提升森林生态系统服务功能，监测指标体系应能准确度量森林态系统服务的多种功能，灵敏反映森林生态功能的年度变化，并且还能采用一定技术方法监测评估出来

标准 6.1.2 制定了社会经济影响的监测指标

导言：社会经济影响是森林景观恢复项目（或活动）在提高人类福祉（生计改善）方面的重要体现。监测指标应涵盖森林经营单位综合发展、社区参与、社区关系、社区发展、性别平等、意识和能力提升等方面

标准 6.1.3 评估森林景观恢复成效

导言：基于生态系统服务功能监测和社会经济影响监测的结果，对森林景观恢复项目（或活动）实施后在土地利用、森林经营、生态保护、生计改善、沟通参与、社区治理等方面进行持续的成效评估

标准 6.2 持续改进

标准 6.2.1 基于监测和评估的结果调整恢复措施

导言：通过监测和评估发现的不适宜的恢复措施，应及时进行调整和纠正，以避免对森林景观恢复项目（活动）的成效造成进一步损害

标准 6.2.2 定期修订森林景观恢复规划

导言：一般森林景观恢复规划每 10 年修订一次

标准 6.3 能力建设

标准 6.3.1 开展知识培训等能力建设

导言：应通过培训等多种形式获取森林景观恢复的新知识、新技术，提高规划、实施森林景观恢复措施的能力

标准 6.3.2 向社区和公众进行信息分享

导言：所有的利益相关方都应该能够持续地和方便地获取有关森林景观恢复的信息。这也是增进利益相关方了解、消除误解、获取支持的重要途经

第四章

森林景观恢复中国案例

一、新疆柯柯牙：恢复干旱沙区森林景观，注重提高当地人福祉

（一）背景及面临的主要问题

柯柯牙，意为"青色的崖壁"，位于新疆维吾尔自治区阿克苏市和温宿县城区东北洪积台地上。台地原始地貌复杂，地势北高南低，由西北向东南倾斜，其间沟壑纵横，地势险峻、沙砾密布、盐碱严重、土质贫瘠，植被稀疏瞬间暴雨容易形成洪水，年平均气温 10.16℃，降水量 56.7 毫米，蒸发量 1972.9 毫米，历年平均风速 1.7 米/秒，最大风速 40 米/秒；季风时节，黄土弥漫，浮尘蔽日，每年浮尘天气超过 100 天，严酷的气候与自然环境对阿克苏城乡人居安全形成了巨大威胁。阿克苏地区从 20 世纪 80 年代开始启动柯柯牙绿化工程，历经 30 余载，在中国版图的西北角、塔克拉玛干沙漠西北边缘的亘古荒原上筑起了一道长 57 千米、宽 46 千米的"绿色长城"，成为今天阿克苏地区重要的生态安全屏障。

面临的主要问题：

（1）20 世纪七八十年代，柯柯牙植被稀少，盐碱化程度高，自古以来就是一片荒原。柯柯牙工程区南部沙漠离阿克苏市城区仅有 6 千米，并以每年 5 米的速度逼近城市，不断挤压人们的生存空间，尤其是季风时节，沙尘暴频发多发，严重影响和危害城乡居民生产和生活，成为制约城乡发展的最主要瓶颈（彩图 1）。

（2）柯柯牙北部，山区暴雨形成洪水流出山口，如脱缰野马，向下游冲刷，造成北部戈壁荒漠化严重，也造成城市多次被洪水侵扰。严重影响城镇及农村生活、农业生态安全，并造成巨大农业、城市设施的经济损失。

（二）森林景观恢复目标

（1）植树造林，恢复森林植被，改善生态环境；

（2）发展经济林木，提高当地人均收入；

（3）探索民营资本参与森林恢复项目的机制。

（三）森林景观恢复措施

1. 因地制宜进行人工造林

1986 年始，柯柯牙一期工程率先在沟壑纵横的柯柯牙台地上建成了长达 16.8 千米的引水渠，采取夏季整地、开沟灌水压碱、春秋两季栽植（彩图 2），形成沟植沟灌压碱植树综合技术，既降低苗木种植区盐碱含量，又节约了水资源。二期、三期主要采用修建防渗渠、利用七八月洪水季引洪淤灌，改良风沙土；修建高位蓄水池调剂洪水、节水灌溉等蓄水、节水、补水措施，在保障生态建设工程的用水需求的同时，改良土壤质地，增加土壤肥力。

查明立地类型。结合遥感解译与实地调查，查明柯柯牙区域沙漠化、土地盐渍化特征，划分土地利用与造林立地类型。筛选适宜树种。按照"适地适树、经济与生态统筹兼顾"原则，筛选确定新疆杨、胡杨、箭杆杨、柳树、沙枣、柽柳、紫穗槐、大叶白蜡、梧桐、刺槐等防风固沙林树种及核桃、红枣、苹果、梨、杏、葡萄、桃、李等经济林树种，优化形成不同立地类型条件下树种的选择，树种类型逐步丰富（彩图 3）。

2. 防护林景观和经济林景观优化配置

采取防风固沙林+生态经济林配置模式。一是采用多树种配置防风固沙林。采用新疆杨、胡杨、刺槐等高大乔木为防风固沙林、新疆杨与胡杨行间混交林和苹果、梨、红枣、核桃、杏为主的经济林，呈现出网格式、片状式混交绿化带。二是经济林种植采取短期见效和长期见效树种行间混交配置，即种植收益较早的红枣、葡萄、桃树，较晚收益的苹果、香梨、杏、核桃、山楂等，注重林木长、短效益相结合，保证林地尽早收益（彩图 4）。

选择生态经济兼用树种核桃和红枣等树种，推广荒漠区酸枣直播膜下滴灌栽培技术、核桃植苗涌泉（滴）灌造林技术、苹果矮化密植管（滴）灌建园技术，通过前期密植、后期疏密，加强土、水、肥、树一体管理、资源动态监测、实施保障与赔偿机制，实现经济林丰产稳产（彩图 5）。

3. 鼓励民营资本参与生态建设和生态产业

通过政府在柯柯牙绿化工程中主导，依靠市场配置资源，走市场推动的路子，吸收民营资本，完成绿化目标，构建起"政府规划、部门服务、企业牵头、农户参与"生态建设与生态产业紧密结合、协调发展的"以林养林"可持续经营的柯柯牙模式（彩图 6）。

（四）主要成效

1. 生态效益显著改善

经过 30 多年的持续建设，柯柯牙绿化工程累计造林 8 万余公顷。森林覆盖率显著提高，由 1986 年的 8% 提高到 2020 年的 73%。项目区蒸发量降低了 166.58 毫米，降水量增加了 35.22 毫米。年平均风速较生态工程区外风速低了 43.70%，年平均沙尘暴日数由 4 天减少到 1.65 天，扬沙年平均天数由 18.38 天减少到了 8.57 天。1996 年，柯柯牙绿化工程被联合国环境资源保护委员会列为"全球 500 佳境"之一，2001 年获"中国人居环境范例奖"（彩图 7）。

2. 获得多种生态产品和服务效益

通过以林养林模式的持续发展，柯柯牙人工种植特色林果近 6.7 万公顷，依附林地逐步形成了农家乐、采摘园、垂钓娱乐等多元经济发展格局。年林果效益达 41 亿元，主要果品产量情况是核桃产量 37020 吨，产值 5.93 亿元；红枣产量 173470 吨，产值 13.88 亿元；苹果产量 208050 吨，产值 8.32 亿元；香梨产量 47490 吨，产值 1.45 亿元。年接待游客达 150 万人次以上，年旅游收入达 7.5 亿元，成为当地农民增收致富的"绿色银行"（彩图 8）。

3. 为当地社区创造了大量就业

1999 年工程区农业从业人员 21478 人，农民人均纯收入 1467 元；2020 年工程区农业从业人员 144137 人，农民人均纯收入 22299 元，分别增加 6.7 倍和 15.2 倍，创造了人口红利。曾经的"拓荒者"成为今日的"技术传播者"，更多的企业、农民专业合作社参与其中，吸引了大量的剩余劳动力就业创业，为区域社会稳定、民族团结、兵地融合发展作出了历史性贡献（彩图 9）。

（五）讨　论

虽然工程实施的年份远早于森林景观恢复的提出，但是柯柯牙绿化工程根据中国实际践行了森林景观恢复的主要原则，包括景观层次的恢复措施、多功能多效益、因地制宜等。

柯柯牙绿化工程从景观尺度综合考虑当地的森林植被恢复问题。山区的洪水得到科学利用，洪水蓄积灌溉沙区，改善荒漠区土壤质地，充分利用乡土树种防风固沙，利用洪水压盐碱，改良盐碱地，建立城市周边防护林体系，成为北方内陆干旱区荒漠化、水土流失区治理的典范。

项目在恢复生态系统功能的同时，兼顾当地人的福祉，通过以林养林模式的持续发展，依附林地逐步形成了林果种植、旅游娱乐等多元经济发展格局，使森林成为当地农民增收致富的"绿色银行"。

通过鼓励民营资本参与生态建设和生态产业，拓宽了森林景观恢复的融资渠道，弥补了政府投入森林景观恢复项目经费不足的问题，使工程项目形成了可持续发展的机制。

二、福建顺昌国有林场：建立"森林生态银行"，多利益方参与森林景观修复

（一）背景及面临的主要问题

福建省顺昌县国有林场（简称顺昌林场）位于福建省顺昌县。顺昌县属中亚热带常绿阔叶林带。其植物区系具有植物种类资源极为丰富、地理成分复杂、珍稀植物种类繁多、起源古老的特点。其典型的地带性植被为以槠栲为主的常绿阔叶林，而以杉木、马尾松、毛竹、阔叶树次生林等人工林和天然林植被类型分布面积最广。顺昌林场位于我国杉木中心产区的核心区，在 2012 年被列入首批国家木材战略储备基地县，是我国重要的木材产区。

面临的主要问题：

（1）林地分散，经营粗放。顺昌县森林覆盖率在 2013 年就达到 78%，但全县 76% 以上的山林林权处于分散化、碎片化状态，由此也造成了林业经营上的粗放化、破碎化，再加上许多农村青壮年劳动力更愿意外出打工等原因，导致

森林资源规模化经营水平低、森林质量提升难、森林资源变现难等问题，生态保护与林农利益的矛盾日益突出。

（2）天然林经营水平低，效益差。顺昌县国有林场天然林面积约占40%。受采伐政策、采伐成本、作业困难等因素的影响，对一些过熟林、低产低效天然林未能予以充分利用或改造，天然林资源的经营水平相对较低，资源的利用潜力还未得到充分的挖掘。

（3）人工林地力衰退、树种单一。顺昌县作为杉木中心产区，历来以杉木培育与生产为主，但受历史原因及市场经济条件的影响，近代的杉木经营期限以速生丰产林为主，进而经营周期缩短。目前，林场的杉木林主要以三代林为主，地力衰退现象明显。

（二）森林景观恢复目标

（1）相关利益方参与，提高林农福祉；
（2）保护天然林，恢复生态系统功能；
（3）提高人工林质量，多重效益并重。

（三）森林景观恢措施

1. 建立"森林生态银行"

2018年，顺昌县国有林场在全国创新开展"森林生态银行"试点建设，目标是更好地实现森林增绿、林农增收、集体增财的三方共赢，达到利民、利村、利场、利政和利社的"五利"效果，为探索绿色高质量发展新路作出更大努力。

"森林生态银行"是借鉴商业银行模式，搭建一个资源开发运营管理平台，在不改变林地所有权的前提下，对分散的林业资源进行规模化、集约化、专业化经营，让林农获得长期持续稳定的收益（彩图10）。

顺昌县国有林场通过创新建设"森林生态银行"，重新恢复森林生态功能，同时兼顾人类福祉和可持续发展，实现景观恢复。

"森林生态银行"立足林农从业意愿和农村劳动力现状，多措并举、因地制宜、多重效益并重、相关利益方参与，创新推出赎买、无林地（采伐迹地）股份合作、有林地股份合作三种模式与林农、村集体开展合作经营。通过"三个一"的实施路径，实现"三个变"。

一是"一村一平台"，实现分散变集中。在"森林生态银行"与林农之间搭建一个平台，建立村级森林资源运营平台（经济合作联社），坚持林农自愿原则，把分散在单家独户的无林地、有林地"存入"运营平台，由平台整合打包成集中连片的资源包。"森林生态银行"与村级运营平台签定合作协议，发挥资金、技术、管理等优势，实行规模化管理、专业化经营，改变了资源不够集中连片、粗放经营等问题，让林农手里"绿色资产"有效增值（彩图11）。

二是"一户一股权"，实现林农变股民。以一家一户为单位，计算股权，为每户林农办理股权证，规定股权证可质押、可继承但不可流转，防止以往部分林农将林地林木简单"一卖了之"、再次面临"失山失林"问题。林农手中的股权相当于储存到"森林生态银行"的固定"存款"，生态银行则按照合作约定支付"储蓄利息"。"一户一股权"模式更加注重林农的储户属性，林农凭借股权证，通过"森林生态银行"运作，即可获得长期持续稳定的相应收益。

三是"一年一分红"，实现资源变资金。"森林生态银行"每年按约定支付林农当年的保底预分红，待林木主伐后所得纯利润按约定比例分红，扣除每年预分红后再支付给林农。

2. 改造天然林的结构和组成

选择以杉木为优势树种的成、过熟天然商品林，对针叶树种杉木采取皆伐措施，保留阔叶树、马尾松，迹地采用不炼山等高线耙带整地更新模式，挖明穴40厘米×30厘米×30厘米，密度为1800~2100穴/公顷，穴内施有机肥。造林树种以闽楠、木荷、枫香、无患子等乡土珍贵阔叶树为主，苗木选用来自优良种源区的1年生实生裸根Ⅰ、Ⅱ级苗，采用行间混交的方法进行栽植（彩图12）。通过改造培育生态功能多样化的天然商品林林分，提高林分保持水土能力，丰富林分生物多样性，美化森林生态景观，增强森林御灾能力，促进森林生态系统稳定（彩图13）。

3. 人工纯林引入乡土阔叶树种

在现有天然林的基础上，采用近自然经营模式，选择土层深厚、地位级

I～Ⅲ、生物多样性丰富的林地，在采伐后利用天然更新、人工促进更新及人工更新方式培育复层异龄的乡土阔叶树林分。其中，人工乡土阔叶树种基地面积395.6公顷，规划于2030年达到433.3公顷。

创新采取改单层林为复层异龄林、改单一针叶林为针阔混交林、改一般用材林为特种乡土珍稀用材林的"三改"措施，对收储的森林资源采取集约改培经营，国家木材战略储备改培基地林木蓄积量平均达270立方米/公顷，最高蓄积量达825立方米/公顷，杉木50年树龄单株最大胸径超过60厘米（彩图14）。

率先推广近自然模式培育森林资源，即保留前一代林分散生阔叶树耙带不炼山造林。据研究统计，不炼山林分的物种多样性指数 D_{sh} 和 D_{si} 分别是炼山林分的116.8%和104.6%，物种多样性均匀度指数 J_{sh} 和 J_{si} 分别是炼山林分的104.6%和104.7%。

（四）主要成效

1."生态银行"注重多利益方参与，实现多重效益

"森林生态银行"工作自2018年开展以来，林农、村集体、生态银行三方参与，实现了三方共赢，推动了森林生态供给能力的提高，保护了生态系统，促进了林区稳定，助推了乡村振兴，实现了多重效益。截至目前，采用赎买、采伐迹地股份合作、有林地股份合作等三种合作模式的森林面积分别为4200公顷、1933公顷和47公顷。森林生态银行累计将9.13亿元资金导入林业，惠及涉林企业、林农7007户，其中林地林木合作投入资金6.05亿元，惠及涉林企业、林农5743户；林权抵押融资担保贷款3.08亿元，惠及涉林企业、林农1264户，为其节约融资成本约1700万元，真正做到"青山"变"金山"。

从经济效益看，实现了林农、村集体、生态银行的三方共赢。与林农分散经营相比，"森林生态银行"集约经营所产生的收益可提高30%~50%。林农按照所持股份，通过生态银行的集约化经营，实现更高的收入。村集体通过组织林农加入村级运营平台，将林地林木入股，获得稳定的林地使用费等收入。以际下村为例，无林地股份合作面积176公顷，每户林农平均年预期收入1087元（不含初步估算主伐后一次性预期收入21732元），村集体年预期收入15816元

（不含初步估算主伐后一次性预期收入 31.6 万元）。"森林生态银行"通过与村开展合作，扩大经营规模，通过集约化经营，在增加森林蓄积量的同时，获得更多收入，并入选世界自然基金会"中国人工林可持续经营项目"成员单位。

从生态效益看，推动了森林生态供给能力提高、生态系统的保护和应对气候变化能力的提升，提高了自然资源价值和生态产品的供给能力。"森林生态银行"通过规模化、专业化经营，森林资源在林分结构、树种组成、林分生产力等方面大幅改善，林木蓄积量年均增加 18 立方米/公顷以上，特别是杉木林的每公顷平均蓄积量达 240~285 立方米，是全国平均水平的 3 倍；森林生态系统的涵养水源、净化空气等服务功能不断提升，顺昌县主要水系的水质全部为Ⅲ类以上，空气质量优良天数比例为 99.1%，PM2.5 平均浓度为 24 微克/立方米。

从社会效益看，提升了护林意识、促进了林区稳定、助推了乡村振兴。林农资源入股与"森林生态银行"合作，多方结成利益共同体，"人人都是股东"的意识明显增强，广大林农护林的积极性充分调动，大家争当"护林员""防火员"，林区更加安全稳定。特别是推动巩固拓展脱贫攻坚成果同乡村振兴的有效衔接，通过"森林生态银行"规模化运作，培育发展花卉苗木等林下经济和森林康养等产业，带动林农就地就近就业，促进农村一、二、三产业融合发展，有力助推了乡村产业振兴（彩图 15）。

2. 天然林结构功能提升，资源逐步增长，助力气候变化

通过近自然经营模式对天然林进行合理的经营更新，林场的天然林资源连续保持着恢复性增长，林分质量显著提升。天然林蓄积量的逐步增加为野生动植物的生存提供了良好的环境，有效保护了当地珍稀动植物资源和生物多样性，实现了景观恢复的多重效益。目前，林场有南方红豆杉等国家一级保护野生植物 5 种，闽楠等国家二级保护野生植物 5 种，尖杉等福建省重点保护树种 7 种，以及国家一级保护野生动物 5 种，国家二级保护野生动物 38 种，省重点保护的鸟类 24 种。

同时，对天然林的合理经营也提升了森林应对气候变化能力。按照《IPCC 国家温室气体清单编制指南》的计算方法，顺昌县全年温室气体排放量约 260 万吨二氧化碳当量，而土地利用变化和林业净增长碳汇 159 万吨/年，扣除这部分碳汇吸收量后全县的温室气体排放量为 101 万吨当量，温室气体排放量约下

降 61%。乔木林是二氧化碳主要的吸收源，经测算顺昌县乔木林单位面积二氧化碳吸收量比福建省平均水平高出 85%。

3. 因地制宜，灵活运用多种技术措施营造林，森林生态功能逐步恢复

林场通过实施"三改"措施，有效增加了森林蓄积量，优化了林分结构，提高了森林生态承载力，促进了林业经营的提质增效。通过采伐后营造针阔混交林和复层异龄林，提高了森林资源产量和质量，丰富了物种多样性，探索与现代林业建设相适应的森林经营技术体系与经营管理模式，循序渐进、因地制宜、多措并举、恢复森林功能，为林场发展提供了新的契机，为全省乃至全国的森林经营提供示范。

炼山是造成物种丧失和物种多样性下降的重要原因。不炼山造林不仅提高林下动植物多样性，促进阔叶树的天然更新，解决了部分阔叶树种难以人工造林的问题，同时保护了阴性伴生树种的生长发育，从而有效地保护了本地优势阔叶树种，甚至是稀有树种、珍贵树种，还同时保护了鸟类的栖息地，进而保护了珍贵野生鸟类，最终提高了整个林分的物种多样性，反过来又形成了更加有利于林木生长的完整的生态系统。不炼山造林还避免了对植被的全面铲除，保持了原有较好的植被、腐殖质层，对防止水土流失、涵养水源，起到了显著的作用。

2006 年以来，林场营造林全部采用针阔混交造林模式，完成不炼山耙带造林 9027 公顷，保留伐区阔叶树蓄积量 27 万立方米，有效减少了水土流失、保护了生物多样性。近 5 年来，林场林木蓄积量累计增加了 99.6 万立方米。林场也成为全国森林质量精准提升先进单位（彩图 16）。

（五）讨 论

顺昌县国有林场通过创新开展"森林生态银行"试点建设，将森林景观恢复与生计问题联系起来，激发了森林恢复的内生动力。恢复和增强了森林生态功能，同时兼顾人类福祉和可持续发展。实现森林增绿、林农增收、集体增财的三方共赢，达到利民、利村、利场、利政和利社的"五利"效果。

森林景观恢复是一个长期的过程，需要持续的资金支持。"森林生态银行"

也是一种绿色金融的创新机制，为在我国南方集体林区开展森林景观恢复寻找新的融资机会提供了有益的经验。

顺昌县国有林场通过改单层林为复层异龄林、改单一针叶林为针阔混交林、改一般用材林为特种乡土珍稀用材林的"三改"措施和率先推广近自然模式培育森林资源的措施，因地制宜，考虑了生态完整性，多种技术措施并用，注重恢复生态功能，避免减少天然林，加强了森林资源的培育和保护，精准提升了森林林分质量，探索与现代林业建设相适应的森林经营技术体系与经营管理模式，为林场发展提供了新的契机，为全省乃至全国的森林经营提供示范。

三、河北丰宁：编制以林为主的山水林田湖草沙规划，统筹生态系统、空间格局和生态系统服务

（一）背景及面临的主要问题

丰宁满族自治县（简称丰宁县）位于河北省北部，承德市的西部，地理坐标为东经 115°54′55″~117°24′16″、北纬 40°53′23″~42°0′37″，总土地面积 8738 平方千米。丰宁县分为坝上高原、坝缘山地、冀北山地 3 个类型。坝上属于内蒙古高原过渡地带，海拔在 1300 米以上，地势平坦，川阔山缓，分为波状高原区和山垅高原区；坝缘山地，山高谷深，林木苍郁；坝下群山绵亘，河谷纵横。丰宁县大小河流 461 条，分属滦河、海河两大水系，两大水系主支流总长为 1445 千米。丰宁县属中温带半湿润半干旱大陆性季风型高原山地气候，四季分明，冬长夏短，光照充足，昼夜温差大。平均降水量 289~705 毫米，土壤类型以棕壤和褐土所占比例较大，土壤质地多为壤土，肥力中等，土壤条件适合多种针阔乔灌树种生长。

丰宁县是我国典型的农牧过渡地带，有长期的植被恢复经验，形成了天然的农林牧镶嵌景观。但生态保护修复缺乏系统性、整体性，生态环境质量改善成效不高，部分重要生态系统退化趋势明显。

作为"通过森林景观规划和国有林场改革,增强中国人工林生态系统服务功能项目"(简称"国有林场 GEF 项目")选定的试点县,河北省丰宁县于 2020 年编制了以林为主的山水林田湖草沙规划。

面临的主要问题:

(1)水土流失。坝上区域地广人稀,草场面积较大,农地广泛分布,土壤以沙土为主。沙质地表的草地受风蚀、水蚀、干旱、鼠虫害和人为不当经济活动等因素影响,遭受不同程度破坏,土壤受侵蚀,土壤有机质含量下降,部分草地已出现沙化现象。坝缘区域受水力、风力交错侵蚀,河流两岸边坡不稳定,河流河道经常属于变化过程中,治理难度较大。

(2)森林生态系统退化,生态服务功能下降。丰宁坝缘地段地形坡度较大,土层瘠薄,天然林面积相对较小,林分较为单一,群落结构简单。阳坡多为石质干旱阳坡,土层瘠薄,以灌草为主,植被盖度在 40%~50%,沙地裸露度高。林地水土保持、水源涵养等生态服务功能不强,抵抗自然灾害和极端天气能力较弱。生物多样性本底较差,物种生境和栖息地不断萎缩,生态空间受工业化、城镇化的开发建设活动的挤压,森林生态系统已破损,并发生了退化,生态服务功能下降。

(3)采矿地生态破坏严重。丰宁县有采矿用地面积 36.1 平方千米。采矿地多岩石裸露、无开采台阶,坡面角度大。多年的露天开采对采矿地原有地貌、土壤植被及生态自然景观造成了严重破坏,生态环境变得极其脆弱,崩塌、水土流失、土壤盐碱化等地质灾害问题突出。

(二)森林景观恢复目标

(1)修复退化的生态系统;

(2)山水林田湖草沙一体化生态服务功能提升。

(三)森林景观恢复措施

1. 编制以林为主的山水林田湖草沙规划,确定重点功能空间区划及其恢复方向丰宁县以林为主的山水林田湖草沙规划的目标是按照河北省承德市及丰宁县国土空间等上位规划要求，就林地、湿地、水源地、重点江河湖库、生物多样性等设定多层次的生态保护修复指标和目标，解决生态修复与治理中的重点难点问题，形成丰宁县以林为主的山水林田湖草综合生态保护与修复方案，指导和确定丰宁县森林景观生态修复类型、空间布局及重点工程。

规划编制方法及内容包括：

（1）收集数据和资料。丰宁县第三次国土调查、森林资源二类调查、相关的生态、环保、水利规划数据；近期高分影像数据、降水、土壤、坡度、土地覆盖、水体、保护区和行政边界等矢量化数据和数据库。丰宁县野生动植物资源、生态功能区划、生态保护红线、生物多样性保护、自然保护地等资料；以及丰宁县生态保护修复实践成果、相关领域专家和当地公众的意见和建议等。

（2）现场调研。包括丰宁县生态状况、社会经济状况等多方面的调查研究。自然生态状况包括气候条件、地形地貌、水文特征、地质环境、土壤和水体、环境质量状况等；生态系统的群落、动植物群落物种组成，地带性植被建群物种、本地关键物种的种类、数量及生境情况，本地自然资源权属和利用状况；生态状况包括生态系统水源涵养、水土保持、生物多样性保护、防风固沙等生态服务功能的现状、变化及其驱动因素。同时，还包括社会经济发展水平、人类活动范围和强度、相关生态保护修复工程规划与实践情况等。

（3）确定土地退化程度。土地退化区是山水林田湖草沙生态修复的重点区域。根据退化区生态功能维护、生态系统自身恢复能力、外界压力等指标确定土地退程度。土地退化程度是判定森林景观恢复潜力区和优先恢复区的重要依据之一。

（4）确定生态修复目标。围绕生态系统的主导生态功能，从消除生态胁迫、优化生态空间格局、畅通生态网络、提升生态系统质量等方面，提出景观尺度保护修复目标，设定实施期限内的生态保护修复具体指标。

（5）确定生态修复模式。根据现状调查、生态问题识别与诊断结果、生态保护修复目标及标准等，按照生态退化程度，考虑乡镇、村行政区边界和自然流域分布，对土地退化区采取保护保育、自然恢复、辅助再生或生态重建等修复模式。

（6）确定生态修复措施。根据山、水、林、田、湖、草、沙等不同生态系统特征，参考土壤退化修复模式，确定生态修复措施。

（7）确定森林景观恢复潜力区和优先恢复区。充分结合丰宁县空间规划、行业专项规划，在考虑当地居民的利益、权益、效益的基础上，确定森林景观恢复潜力区；根据生态价值、退化程度、恢复难易程度等指标，确定优先恢复区。

规划编制的技术流程如图4-1。

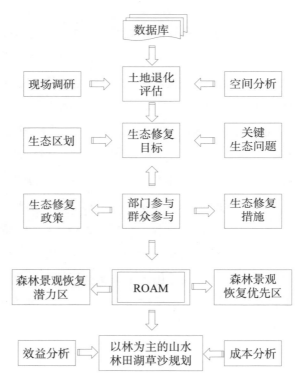

图4-1 规划编制的技术流程

2. 应用恢复机会评估方法（ROAM），确定森林景观恢复优先区

ROAM方法可以帮助政府和有关机构对森林恢复策略、成本和收益进行评估，协调并且支持利益相关者，帮助他们找到最合适的、优先级别高的景观来进行恢复（图4-2）。

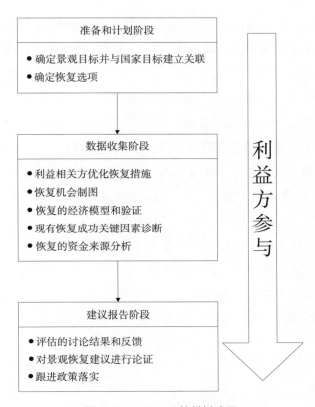

图 4-2　ROAM 的关键步骤

利用 ROAM 方法，结合丰宁县"十四五"生态、林业、水利等建设规划，考虑生态区划、区域生态重要性和生态敏感性，根据生态价值、退化程度、恢复难易程度三个指标，确定 12 个森林景观优先恢复区。

3. 采用统筹生态系统、空间格局和生态系统服务的恢复模式

（1）保护保育。主要应用于退化天然林地修复、水源地保护、次生林、国家和省级自然保护区、森林公园、风景区的生态修复。对于有代表性的自然生态系统和珍稀濒危野生动植物物种及其栖息地，采取建立自然保护地、去除胁迫因素、建设生态廊道、就地和迁地保护及繁育珍稀濒危生物物种等途径，保护生态系统完整性，提高生态系统质量，保护生物多样性。

（2）自然恢复。主要应用于丰宁县轻度受损、但修复力强的生态系统。如农林地、农牧地、次生林经营、林场、水源地及河流缓冲带的修复。对于轻度

受损、恢复力强的生态系统，主要采取切断污染源、禁止不当放牧和过度猎捕、封山育林、保证生态流量等消除胁迫因子的方式，加强保护措施，促进生态系统自然修复。

（3）辅助再生。主要应用于丰宁县中度受损的生态系统，如农林复合用地森林功能修复、沙化和荒漠化区、低质低效林、采伐迹地、退化林地、水源地的修复。对于中度受损的生态系统，结合自然修复，在消除胁迫因子的基础上，采取改善物理环境，参照本地生态系统引入适宜物种，移除导致生态系统退化的物种等中小强度的人工辅助措施，引导和促进生态系统逐步修复。

（4）生态重建。主要应用于丰宁县重度受损的生态系统。如退耕地、荒山荒地、宜林地、人工林新建、退化人工林、河流公路廊道绿化等生态系统。对于严重受损的生态系统，要在消除胁迫因子的基础上，围绕地貌重塑、生境重构、恢复植被和动物区系、生物多样性重组等方面开展生态重建。

（四）主要成效

1. 规划的编制探索形成了丰宁县以林为主的山水林田湖草沙系统保护与修复的一体化方案

在明晰生态保护红线、永久基本农田和城镇开发边界的基础上，河北省丰宁县开展以林为主的山水林田湖草沙规划，依托现有山水脉络，增强了生态、农业、城镇空间的连通性。规划优化了国土空间格局，合理配置了自然资源和生态要素；聚焦丰宁县生态系统受损区域，以生态系统结构和功能修复为重点，提升了生态功能；加强了自然生态系统整体保护和格局塑造，提升了服务功能。

2. 制定了多层次、多目标、多手段、多要素和多学科的恢复措施

针对林地生态修复，参考自然地理条件、退化程度、生态重要性和敏感性，对不同林地实施天然林封育促进更新、天然林改造和能动经营、次生林封禁养护恢复、次生林改造恢复、人工林抚育经营、人工林（低质低效林分）封禁培育、人工林改造重建以及农林复合经营等8类修复措施。

针对草地生态修复，对已沙化草地及草地附近的沙地采取设置围栏、机械

沙障、生物沙障等设施，实施围栏、锁边、复绿等生态修复工程。对退化草地实施禁牧、围封、设置标志、轮牧等封育保护措施，或实施松耙、浅耕翻、补播等人工修复措施通过林下种草、荒山荒滩种草和退耕还草建立林草复合生态系统。

针对廊道生态修复，积极推进河湖综合治理及生态修复工程，结合旅游开发和景观节点绿化美化，全面提升河道和调整廊道景观。在重点区段，推进沿河、沿路生态景观带的规划和建设；保护、完善沿河两岸现有植被，逐步营造多树种水源涵养林、水土保持林，构筑生态屏障。

针对湿地生态修复，在有条件的地区推行退耕还湿、围堰蓄水、水系恢复连通，有效扩大湿地水面面积。通过全面禁牧和植被恢复，增加湿地植被覆盖，充分发挥湿地公园在区域生态系统中的作用。通过水体修复、湿地环境恢复、栖息地（生境）恢复等措施，促进受损湿地发生良性演替，完善河流湿地生态系统功能，保护生物多样性，提高湿地的景观和生态功能。

针对采矿地生态修复，控制采矿面积、强化矿山资源科学开采的规划和设计，实施生态环保型的开采方式。对于已废弃的矿山生态恢复，实施旅游开发、复垦造田、引水造湖等措施。加大对废弃矿山修复的景观规划设计，实施生态型的景观改造和修复，实施退矿还田。

针对漠化沙化区修复，因地制宜，推行荒漠化、沙化区的植草工程，重视生态效益的同时，兼顾生态、经济协调发展，统筹沙区经济、社会协调发展，吸引社会生产要素参与防沙治沙，实现防沙治沙投入主体多元化，注重科技创新和体制创新。

（五）讨　论

恢复自然生态系统从来都是长期的、复杂的，因此制定森林景观恢复规划显得异常重要。尤其在处理严重退化的生态系统和景观，或者恢复活动涉及广泛的跨部门合作的时候，合理的规划是森林景观恢复能否成功的决定性因素。

河北省丰宁县依托国有林场 GEF 项目，在我国首次探索编制以林为主的山水林田湖草沙规划，评价了丰宁县的土地退化程度，制定了林地、草地、水资源、采矿地、荒漠化和沙化区等生态修复、提高生态服务功能的措施，分析了丰宁县森林景观恢复的潜力，并确定了优先恢复区，形成了丰宁县退化土地生态修复的模式和路线图。

丰宁县编制以林为主的山水林田湖草沙规划是习近平总书记"人与自然是生命共同体"理念的重要体现，是森林景观恢复国际理念在中国的本土化应用。丰宁的案例为我国各省、市编制类似规划提供了有益的经验，也为国际森林景观恢复实践提供了中国方案。

四、河北黄土梁子林场：编制实施新型森林经营方案，提高森林质量和生态系统功能

（一）背景及面临的主要问题

黄土梁子林场位于河北省平泉市，现有职工 162 人。该林场位于河北省东北部，北与内蒙古宁城县接壤，东与辽宁省凌源市毗邻，距浑善达克和科尔沁两大沙地仅为 400 千米，是风沙南侵京津的最前沿。该林场始建于 1954 年，有 6 条大川、160 多条大山沟，辖区三乡二镇，方圆 495 千米。林场总经营面积 14268.34 公顷，森林覆盖率 93.00%。有林地面积 12456.22 公顷，占总经营面积的 87.30%，其中：纯林占 94.88%，混交林占 5.12%；林区属于中温带大陆性干旱季风山地气候，四季分明，年降水量 540 毫米左右，自然灾害较多。林区立地条件差异大，形成了针叶林、阔叶林、灌丛、灌草、草丛、草甸、沼生植被等复杂多样的植被类型。针叶林主要有油松林、华北落叶松林，以及少量侧柏林；阔叶林主要有刺槐林、山杏林、山杨林等；灌丛主要有胡枝子灌丛、榛子灌丛、照山白灌丛等；灌草主要是荆条—酸枣—黄背草灌草丛；草丛主要是黄背草草丛；草甸主要包括地榆—蓝花棘豆杂草草甸、小红菊—委陵菜杂草草甸等；沼生植被有薹草沼泽、蘆草沼泽。

作为国有林场 GEF 项目选定的试点林场，黄土梁子林场于 2020 年编制了新型森林经营方案。所谓新型森林经营方案，就是以森林景观恢复为理念，以

提升生态系统服务为目标的森林经营方案。

面临的主要问题：

（1）以人工纯林为主导的森林生态系统不稳定。黄土梁子林场造林树种单一，森林生态系统稳定性差。林场有林地优势树种以油松、华北落叶松和刺槐纯林为主，三者面积之和达到99.02%，且生产力低，单位面积蓄积量最高的华北落叶松仅为58.6立方米/公顷。

（2）生态服务功能不强，树种结构需要调整。油松、华北落叶松和刺槐纯林普遍存在林下植被稀疏，生态功能不强的状况。刺槐林林分退化严重。

（二）森林景观恢复目标

（1）以培育健康稳定高效森林生态系统为核心，提升森林生态系统水土资源保护功能；

（2）提高森林资源质量和林地生产力，积极发展森林康养、食用菌培育、良种培育、山地大苗基地等绿色产业，实现森林经济、社会和生态效益的统一。

（三）森林景观恢复措施

1. 编制实施新型森林经营方案，以森林景观恢复为理念，以提升生态系统服务为目标

新型森林经营方案从促进"人与自然和谐共生""绿水青山就是金山银山""山水林田湖草是生命共同体"以及协调、创新、绿色、开放、共享五大发展理念的要求出发，借鉴森林景观恢复等国际先进做法，综合分析森林资源、森林景观、生态系统和经营需求，以此确定经营目标和经营指标，根据经营目标，因地制宜确定经营措施（图4-3）。

新型森林经营方案编制方法及内容包括：

（1）现状分析评估。明确林场的自然、社会、经济本底和经营管理基础，从景观、生态系统和林分等多层次分析评价森林经营需求与潜力，提炼林场本经理期可以解决的问题，为确定经营目标和措施任务奠定基础。

（2）经营目标。目标导向作为新型森林经营方案编制主线。根据森林主导

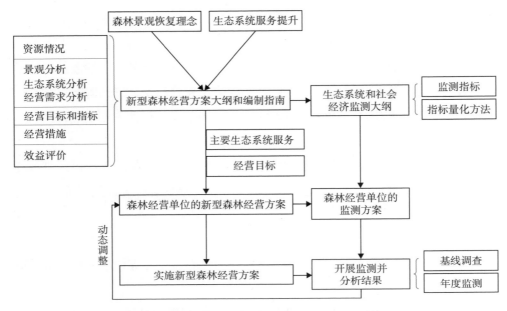

图 4-3 编制和实施新型森林经营方案的技术路线

功能和生态系统服务价值取向确定经营目标，可以分为生态功能、经济功能和社会功能等多类目标。

（3）森林景观恢复和优化。对接区域国土空间规划，统筹林场经营范围内保护、修复、培育、经营、利用等相关的规划、方案、设计成果，采用基底—节点—廊道的景观生态学原理，调整优化土地利用结构，合理区划功能区及经营方向，明确森林经营管理重点、关键区域和生态廊道，形成生态服务价值最佳的景观格局（彩图 17）。

（4）森林多目标经营。对应森林经营目标，在林分层次明确不同森林类型（小班经营法按小班，区域经营法按功能区）的生态修复、森林培育、林产品生产等措施、任务、重点，以及时空安排，测算满足生态服务价值最大化和森林可持续经营的收获量。

（5）森林保护。从全林角度明确生物多样性保护，以及防火、有害生物防治和森林管护的重点、任务和安排。

（6）投入产出分析。测算经理期森林经营和森林景观恢复的所有物质、非物质产出，以及相应的资金投入，对接国家、区域相关工程、项目，明确资金来源。

（7）综合效益评价。综合评价森林经营的经济、生态与社会效益，重点是森林形成的生态服务价值，明确形成服务价值的主要贡献指标，确定长期监测方案。

2. 森林多目标经营,应用人工智能 FSOS 系统,全周期经营设计

FSOS 是森林生态多目标管理决策支持云计算平台，以人工智能为核心，结合云计算、大数据、GIS 等技术，可以实现树种动态模型、林分动态模型、景观模型的系统无缝结合，快速、科学地分析、规划、管理、设计森林，平衡协调森林的经济、社会与生态功能（图 4-4）。

（1）森林质量提升。基于森林景观恢复理念，紧密结合黄土梁子林场多功

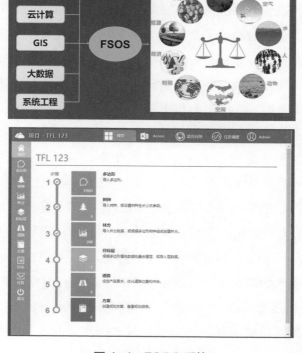

图 4-4 FSOS 系统

能森林自然条件、社会经济状况及森林资源特点，优化完善、细化分解森林管理经营类型和小班森林类型作业法，促进森林经营走上健康、稳定、可持续的发展道路。

（2）森林生态修复。基于刺槐多代萌生林严重退化、山杏天然林生长差林分稀疏，亟待进行以生态修复为主导的技术措施，提高森林生态系统生态服务功能，营建健康、稳定的森林生态系统。基于 FSOS 系统，经过多次优化对比得出适合黄土梁子林场主要森林类型的全周期经营设计（彩图 18）。

（四）主要成效

自 2020 年年末开始实施新型森林经营方案以来，黄土梁子林场通过设置样地监测不同经营措施实施后林场在水土保持、水源涵养和种苗生产方面的成效。同时，通过监测表格和农户访谈问卷两种形式，开展了社会经济影响监测。

1. 抚育措施减少地表径流，增加土壤水源涵养功能的趋势明显

水土保持监测样地涵盖了抚育、天然更新幼林抚育、更新采伐、抚育 + 林冠下造林、林冠下造林、迹地造林等 6 种经营措施。监测结果显示：抚育与天然更新幼林抚育样地土壤有少量流失；抚育 + 林冠下造林样地，上坡位偏移土量有少量增加，下坡位偏移土量较小；修复更新采伐、林冠下造林与迹地造林的偏移土量均有增加，而对照样地土壤均有流失，迹地造林更为显著。水源涵养监测样地涵盖了抚育、天然更新幼林抚育、抚育 + 树冠造林、更新采伐、林冠下造林 5 种经营措施。落叶松和油松在抚育、更新采伐、林冠下造林 3 种经营措施下，经营样地较 2020 年林下土壤容重无明显差异，土壤孔隙、土壤最大持水量、土壤最大蓄水量和土壤有效蓄水量有所增大，对照样地较 2020 年无显著差异；对抚育、天然更新幼林抚育、抚育 + 树冠造林、更新采伐、林冠下造林 5 种经营措施下的枯落物进行对比分析得出，经营措施下的 2021 年枯落物蓄积量、最大持水量和有效持水量较 2020 年整体增加。其中，落叶松抚育样地枯落物蓄积量、最大持水量和有效持水量变化最大，分别增加 0.05 吨/公顷、0.06 吨/公顷、0.04 吨/公顷。种苗生产较 2020 年在

质量和数量上均有所提高。

2. 林场森林可持续经营水平明显提升

国有林场 GEF 项目编制和实施新型森林经营方案以来，通过对林场职工进行培训，增加了职工与林场、科研机构、大专院校等交流学习的机会，拓展了职工视野，拓宽了职工在林场生态目标、社会功能、经营路线、措施等方面的思路，职工在材料撰写、工作方法、交流研讨等方面的能力得到提高。黄土梁子林场 30 人参加了《新型森林经营方案》编制培训；参与新型森林经营方案编制人数为 15 人，具备了编制新型森林经营方案的能力，干部职工经营理念的进一步完善。国有林场 GEF 项目对接国家和区域生态需求，合理区划森林功能区定位，明确森林经营目标，转变了林场森林经营管理理念。一是在经营管理上立足每个小班的林分实际，从景观尺度整体统筹。由零到整分析景观特点，确定经营目标，再由整到零，将具体措施落实到每个小班。既保障了可落实，又促进了目标实现；二是重点针对生态功能发挥，制定了措施和路线，并建立相应的成效监测样地，对技术的科学性进行验证总结。同时，建立各种类型的样板林，强化示范推广；三是森林经营理念的完善，充分征求相关利益方的意见，最大限度地考虑发挥森林生态系统的社会服务功能。

（五）讨 论

森林经营方案是经营主体科学经营管理森林的行动指南，也是主管部门监管森林经营活动的基本依据。河北黄土梁子林场利用国有林场 GEF 项目，率先在国有林场探索编制并实施新型森林经营方案，总结提炼成功经验，为森林经营实践贡献了中国智慧和中国方案。

国有林场 GEF 项目通过技术培训、研讨、跨部门沟通协调和意见咨询等具体做法，推动了新型森林经营方案的编制、实施及组织协调。与传统森林经营方案相比，新型森林经营方案更加重视森林经营在更大时空尺度上实现可持续性，森林经营目标全方位面向生态系统服务，森林经营方案全面衔接国土空间规划。

当前我国森林经营方案还需在编制、实施、监测、评估等环节不断完善政策措施和管理机制，编制和实施新型森林经营方案是提高国有林场治理能力、精准提升森林生态系统服务功能的重要创新手段。

五、内蒙古昆都仑：维护和增强景观中的自然生态系统，生态修复与生态利用相结合

（一）背景及面临的主要问题

昆都仑区（简称昆区）位于呼包银榆经济区和呼包鄂金三角腹地，包头市区西部，土默川和河套平原之间，北依阴山，南临黄河，因地处昆都仑河两岸而得名，于 1956 年建区，是沿黄沿线核心区、包头市的中心城区和内蒙古自治区最大的企业——包钢（集团）公司所在地，是包头市政治、经济、文化、科教中心和对外开放的窗口。区域总面积 301 平方千米，人口 79.86 万，辖 15 个街镇（13 个街道、2 个镇）。

昆区北部山地山坡陡峭，地势险要，海拔高度 1050~1800 米。降水少而蒸发强烈，高温与多雨同季，风沙天气多。山区地下水主要来源于大气降水。降水时期，大部分河水顺坡随沟流去，只有少量水渗入地层，山区地下普遍缺水。昆区植被从北向南由山地干旱草原逐步过渡为低山丘陵干旱灌丛草原和草甸草原。海拔 1300~1500 米的阴坡生长有榆树、蒙古栎等乔木，部分有中生性灌丛伴生，层次明显。平原地区属草甸草原植被，主要乔木树种有杨树、柳树、榆树、槭树、苹果树等，灌木树种有柄扁桃、黄刺玫、柠条等。

昆区北部生态系统建设以昆都仑河国家湿地公园为纽带，连接大青山国家级自然保护区和梅力更自治区级自然保护区。经过对周边的赵北长城、昆都仑河国家湿地公园、天龙生态园、昆河景观、昆都仑召庙、昆都仑水库石门风景区等进行规划、整合、人工修复，最终建成集生态、旅游、观光于一体的重要生态屏障。

面临的主要问题：

（1）森林生态系统退化严重。区域内植被覆盖度低，森林质量差。乔木林

地单位面积蓄积量仅 23.2 立方米/公顷，低于自治区 78.5 立方米/公顷和全国 85.9 立方米/公顷的平均水平。树种结构比例失调，天然林中榆树林分比重太大，人工林主要以侧柏、樟子松为主，不利于森林资源多样性保护及森林多种效益的发挥。

（2）昆都仑河湿地生态系统功能严重减弱。昆都仑河湿地周边村庄、企业众多，人口密度大，生产活动繁杂，当地居民和企业为了生存以及经济发展，不顾及湿地的生态环境过度地开发湿地的资源来换取经济收益。随着时间的推移，不但对昆都仑河水质造成了严重的污染，也破坏了湿地的生态系统，对湿地、人文景观造成了恶劣的影响，对湿地生态保护造成了巨大的负担。

（二）森林景观恢复目标

（1）恢复北部山区健康的森林生态系统，改善生态环境及景观质量，打造昆区北部重要生态屏障；

（2）修复北部山区的湿地生态系统，改善水质，修复野生动植物的生存环境，提高昆都仑河流域生态质量。

（三）森林景观恢复措施

1. "超旱生林木 + 循环节水技术" 的复合型生态修复模式

从 2001 年开始，昆都仑区政府委托民营的内蒙古天龙生态环境发展有限公司（简称天龙公司）负责昆区大青山南坡生态修复与建设工作。截至 2022 年，累计投入近 10 亿元，荒山造林 400 余万株，生态修复 3733 公顷，自建水库 8 座、修建水塔 4 座，储水罐 22 个，铺设节水滴灌近 3000 多千米。天龙公司首创 "天龙八步" 石质荒山种树科学技术流程和复合型节水管理技术，在年降水量不足 200 毫米的石质山区，使山上种树的成活率达 95% 以上，现今已经基本密闭，森林效果凸显。

"天龙八步" 石质荒山造林法是指在造林过程中，天龙公司通过钻石打孔、局部爆破、叩石刨坑、移土供养、选树育苗、覆膜保温、滴灌供水、支架固树共8个步骤，完成荒山生态修复及后期管护（彩图19、彩图20）。

在森林景观恢复过程中，公司成立超旱生林木研究院，形成"引种、选育、组培、移栽试种"等技术流程，将荒山上的乡土树种进行再培育，逐年移植回荒山的循环栽植，成为一条可复制、可推广的"超旱生林木＋节水技术"的复合生态治理模式。造林过程中科学系统性的改变"水源、土壤稀缺，林木存活率低"的荒山基因，不开采地下水，储蓄和利用天上水和地表水；不种植"贵族"植物，培植耐旱节水林木，适地适树；不进行大水漫灌，运用科学滴灌系统的荒山森林景观修复解决方案（彩图21至彩图23）。

2. 干旱区湿地修复，生态保护与生态利用相结合

昆都仑河国家湿地公园处于昆都仑区北部的低山缓丘，河谷交错。湿地类型包括河流湿地、洪泛平原湿地和库塘湿地。其中，昆都仑水库是包头市城市供水重要的补给源，水库水源主要是由周边山体汇聚而来。昆都仑河是包头市境内最大的黄河支流，是包头市区及下游供水和防洪的重要保障。昆都仑河国家湿地公园是昆都仑河中下游重要节点，城市开发建设对湿地生物多样性造成严重的威胁。通过湿地公园做好昆都仑河水库段水质保护以及带动昆都仑河城市段河流的降污，从而最大限度地保护黄河包头段的水质，对完善整个包头市水生态及湿地生态系统的保护网络具有重要意义（彩图24）。

具体措施：

（1）减少对湿地的人为干扰。对湿地公园保育区内现有水源涵养区，严格禁止林地逆转和非法流失，坚决禁止毁林开垦等现象发生；加大森林资源管理监督检查力度，强化林地保护管理，严格执行征占用林地管理的各项规定。通过设置界桩、标识牌、警示牌等措施阻止非相关人员的进入，保持区域的原真性。

（2）保护湿地生境。全面保护湿地公园野生动植物生境，通过一系列设置界桩、宣教牌、加强巡护等保护措施，野生动植物及其生境得到有效保护。

（3）打造休闲游憩空间。在两河槽中间布置生动地形、园路与植物，用主行洪河槽串联采沙沙坑调蓄雨洪及吸纳水库冲淤的淤泥，并能在夏季形成湿地水面，将城市休闲游憩与河道生态环境建设相结合，创造亲水空间。

（4）塑造自然景观。在河岸建设中，根据植物习性，采用本土乔木、灌木、草本、挺水植物、沉水植物、浮叶植物等多层次复合植物搭配，塑造自然河岸形态，营造多种生境，丰富河岸空间结构，提高生物多样性（彩图 25 至彩图 27）。

（四）主要成效

1. 在荒山上恢复了森林景观，增强了生态系统的稳定性

昆都仑区荒山森林景观恢复遵循因地制宜的原则，选择耐旱、适生的乡土树种、灌木和草种，以增强森林的生态效益为目标，恢复自然生态系统。在天然缺水的自然条件下，引进国外的先进滴灌系统，既节约了宝贵的水资源，又提高了森林管护效率。

通过在荒山上营造本地树种、灌木、草本，在昆都仑区北部人工绿化 3667公顷，建成绿色廊道 1130 米。通过系统建设修复，使得昆区北部生态得到全面治理，将大青山南坡沿线打造成了昆区北部重要生态屏障，恢复并维持了可持续发展的自然生态系统。对于保护生物多样性、调节区域气候、科普教育、生态旅游，以及保障区域生态、经济、社会可持续发展等方面发挥着重要作用。

2. 湿地生态修复与生态利用相得益彰，人与自然和谐共处

在湿地生态系统修复过程中，昆都仑区统筹河道、岸线生态建设，加强沿河生态系统保护，推动昆都仑河科学开展湿地保护修复。采取封育保护、退耕还湿、湿地生态补水、动物栖息地恢复与重建等保护与修复措施，着力解决湿地萎缩、重要物种生境受损等问题。

通过在昆都仑河沿线构建滨水绿道系统，营造多形式亲水渠道和亲水场所，结合动植物生境营造，建设户外宣教场所和参与性故事宣教系统。通过塑造草原河流景观，建立河流生命景观体系。通过城市河流生态系统修复、丰富城市河流生物多样性，提升包头都市人居环境质量。把湿地公园打造成为城市近郊生态旅游活动示范地，实现人与自然和谐共处。

（五）讨　论

昆都仑区北部生态系统建设工程以习近平总书记生态文明思想为指导，

统筹山水林田湖草沙生命共同体，本着生态优先，绿色发展的总体要求，树立"大生态"理念，整合大青山国家级自然保护区、梅力更自治区级自然保护区和昆都仑河湿地公园的山体、植被、水文以及小气候等自然条件，因地制宜，结合人文、经济、城区发展等因素，对昆区北部地区进行生态系统一体化修复。

六、浙江建德林业总场：注重自然修复，建设有益于社区的森林景观

（一）背景及面临的主要问题

建德市地处浙西丘陵山地和金衢盆地毗连处，气候温暖湿润，雨量丰沛，四季分明；建德市地貌复杂，自然条件优越，有暖性针叶林、落叶阔叶林、常绿阔叶林、常绿落叶阔叶混交林、针阔混交林、山顶矮林、竹林和经济林等多种类型的森林植被。建德市林业总场总面积14346公顷，森林面积12473公顷；活立木蓄积量1269634立方米，森林覆盖率86.95%，是全市重要的生态建设和林业发展基地。建德市林业总场是以国有森林资源为主要经营对象的森林经营单位，其主要职责是经营公益林，保护新安江水库、新安江、富春江富春江（富春江水库）干流及其支流源头汇水区，其库区和河流两岸水域四周是重要的生态敏感区域，维护当地在"两江一湖"国家级风景名胜区中具有典型代表性的森林风景旅游资源。建德市林业总场还拥有珍稀濒危物种保护区3个、自然保护小区4个，是全国首批森林经营实施示范林场，并且近年来相继被评为"全国森林经营样板基地""全国绿化模范单位""国家重点林木良种基地""中美森林健康经营合作试点示范单位""浙江省现代国有林场"。

面临的主要问题：

（1）林场松树、杉木面积大，树种结构单一，林分生产力不高，地力衰退严重。由于连片大面积营造人工针叶纯林，加之过去超强采伐、过度利用等原

因，天然林和珍贵树种资源越来越少，有的甚至消失，林分稳定性差。

（2）林场的主要任务是经营公益林，投资长见效慢，多方参与程度不高（彩图28）。

（二）森林景观恢复目标

（1）培育珍贵树种，提升用材林资源质量；

（2）保护种质基因资源；

（3）建设有益于社区的森林。

（三）森林景观恢复措施

1. 通过近自然改造提升森林质量

建德市林业总场将森林抚育、大径材培育、低产低效人工纯林、天然次生林和竹林改造与珍贵树种的发展相结合，加快树种结构调整，提高林地经营效益。

通过采取小面积皆伐、带状渐伐、单株木择伐等作业法，补植浙江楠、刨花楠和红豆杉等乡土珍贵阔叶树种，将人工纯林培育形成异龄混交林。

针对毛竹林经济效益低下、生长势衰退及马尾松林受松材线虫病危害、林相残败、生态功能低下、无培育前途、森林生态系统退化等情况，对部分马尾松和竹林通过抚育补植等方式进行改造，培育成珍贵树种混交林。

对于天然次生林，采用目标树定向培育技术。通过疏伐等措施，解决林分密度过大问题，把天然次生林培育为珍贵阔叶用材林（彩图29、彩图30）。

2. 建设区域性良种基地保护重要种质资源

2017年建德市林业总场被批准成为国家重点林木良种基地。林场通过与中国林业科学研究院亚热带林业研究所、浙江农林大学、浙江林业科学研究院等科研院校开展合作，进行了主要树种种质资源的收集，母树林、种子园、子代测定林营建，加强主要树种良种选育进程。目前，已新建和改建以楠木、青冈为主的各类良种基地238公顷，其中种质资源收集区60公顷，种子园13.6公顷，母种林65.7公顷，采穗圃6.7公顷，试验林92公顷。良种基地研究和发展的树种包括珍贵树种、经济林树种、生态树种、绿化观赏树种和珍稀濒危树种等。其中，珍贵树种包括紫楠、刨花楠、浙江楠、闽楠、桢楠等；生态树种包括青冈、榉树、北美红杉等；经济林树种包括薄壳山核桃；绿化观赏树种包括木兰科树种等；珍稀濒危树种包括细果秤锤树、浙江安息香等。林场的目标是建成以亚热带地带性常绿阔叶树种和珍稀濒危树种资源就地和异地保育为特色的国家级林木良种基地（彩图 31）。

3. 实施"共富项目"推动森林产业兴民

建德市林业总场利用试验、地域、交通以及科研院所技术人才等方面的优势，实现了传统林业经营管理模式逐步向现代林业经营管理模式转变。仅在 2021 年，建德市林业总场的 17 公顷楠木—青冈母树林"林苗一体化"基地累计出售苗木 1.5 万株，共计收入 70 余万元。小小苗木不仅有效解决了当地及周边地区百姓的就业问题，更为建德市发展壮大苗木产业提供了新路子，为乡村振兴架起了一座致富桥，引领村民走向共同富裕。

林场还积极探索场村合作发展模式，在 2022 年实现了寿昌林场与李家镇三溪村的共建联盟，林场将在油茶、中药材等林业产业的项目中为三溪村提供指导和技术服务，现计划在三溪村油茶林下套种黄精 33 公顷，到采收期，预计每公顷产量约 6 万斤（30 吨），产值达 1500 余万元。

推进楠木特色村建设，在寿昌镇绿荷塘村建设楠木特色村，在进村道路、周边山地、房前屋后种植楠木及楠木苗木，助力山区新农村建设。

创新村场合作造林模式，寿昌林场与河南里、十八桥村滩下自然村签订造林协议，为当地村民提供就业机会，实现农民增产增收，加快乡村振兴。

4. 优化森林景观，提升森林生态服务功能

建德市林业总场借助其经营范围内的三个森林公园：新安江森林公园、绿荷塘古楠木森林公园和富春江国家级森林公园，通过抽针改阔、补植彩叶珍贵树种等措施，增加森林景观，充分展现森林植被景观多样性。打造最美彩色森林廊道，建设高标准科普和自然教育基地，建设森林公园智能管理系统，打造市民亲近自然的郊野公园，达到进一步发挥森林游憩、观赏和疗养的功能（彩图 32 至彩图 34）。

（四）主要成效

1. 实现了森林发挥多种效益

建德市逐步推行近自然森林经营理论和目标树培育方法，培育良好的森林生态系统，充分发挥森林的三大效益。林场充分发挥其自然地理优势和森林资源优势发展珍贵树种，2009—2020 年通过人工造林、培育改造和四旁绿化等项目，共发展珍贵树种 8000 余公顷。长远来看，这显著有利于改变建德林分结构单一、生产力不高等问题，可显著提高林农经营收入。

林场建立各类种质资源库、种子园、采穗圃、母树林和试验示范林 205 公顷，保证了建德市珍贵树种种业高质量发展。坚持容器化育苗方向，具备年生产楠木、樟树、南方红豆杉、香榧、薄壳山核桃等苗木 500 万株能力，构建了珍贵树种苗木培育战略储备机制。

2. 实现了乡村振兴和共同富裕

大力实施珍贵树种造林和推动生态旅游，激发了建德林农靠山致富、增绿增收的内在动力，直接带动林农增收致富。

珍贵树种材质优、用途广、价值高、市场好，虽然生长周期长，但从长远来看，它就是一座稳固的"绿色银行"，可以"蓄宝于山、藏富于民"，有效增加林农收入。

通过彩色森林建设，提升森林景观，满足人民休闲观光的需要，推动了旅游发展，为招商引资和社会经济发展创造了良好的生态环境，从而进一步带动森林公园生态休闲养生旅游的建设，为当地政府和居民带来了更好的经济效益。

（五）讨　论

建德市林业总场通过对森林退化地区的近自然经营开展自然恢复是一项可行的森林景观恢复策略。恢复的质量和程度取决于该地区的生态条件、干扰因素及景观现状。

为了恢复森林的多种功能，获得多种效益，仅仅保护森林是不够的。要想森林恢复活动取得成效，通常需要在景观尺度上，依托森林保护和经营以及其他相关要素进行规划和实施。建德市林业总场在保护亚热带地带性常绿阔叶树种和珍稀濒危树种资源的同时，建设国家级林木良种基地，小小苗木有效解决了当地及周边地区百姓的就业问题，引领村民走向共同富裕。森林恢复在实现了生物多样性保护的同时，也产生了经济和社会价值。

参考文献

赵劼，付博，丁晓纲，等，2020.森林景观恢复的基本特征与应用原则探讨［J］.世界林业研究，33（6）22-26.

张晓红，黄清麟，2011.森林景观恢复研究［M］.北京：中国林业出版社.

史蒂芬·曼索瑞安，丹尼尔·沃劳瑞，尼盖尔·杜德莱，等，2011.森林景观恢复：不只是种树［M］王春峰，王冬梅，史常青，等译.北京：中国林业出版社.

詹妮弗·利特伯根-麦克拉肯，斯图尔特·马吉尼斯，阿拉斯泰尔·萨尔，等，2011.森林景观恢复手册［M］王小平，庄昊，秦永胜，等译.北京：中国林业出版社.

徐慧，王家骥，1993.景观生态学的理论与应用［M］.北京：环境科学出版社.

邵红，张广兴，2016.生态完整性评价概念及应用［J］.环境保护与循环济（10）44-48.

刘家根，黄璐，严力蛟，2018.生态系统服务队人类福祉的影响——以浙江桐庐县为例［J］.生态学报，38（5）：1687-1697.

王大尚，郑华，欧阳志云，2013.生态系统服务供给、消费与人类福祉的关系［J］.应用生态学报，24（6）：1747-1753.

傅伯杰，陈利顶，马克明，等，2011.景观生态学原理及应用［M］.北京：科学出版社.

谢高地，肖玉，鲁春霞，2006.生态系统服务研究：进展、局限和基本范式［J］.植物生态学报，30（2）：191-199.

赵军，杨凯，2007.生态系统服务价值评估研究进展［J］.生态学报，7（1）：346-356.

刘金龙，宋露露，周霆，等.1999.参与式林业—参与式发展在森林管理中的实践［J］.世界林业研究，12（5）：20-25.

刘世荣，代力民，温远光，等，2015.面向生态系统服务的森林生态系统经营：现状挑战与展望［J］生态学报，35（1）：1-9.

江泽慧，2005. 中国退化土地与退化森林生态景观恢复［J］绿色中国（5）：4-5.

刘静，2020. 新型森林经营方案编制与实施［J］林业资源管理（3）：6-10.

田甜，白彦锋，张旭东，等，2019. 森林恢复、国内森林恢复面临的问题及应对措施［J］西北林学院学报，34（5）：269-272

Stephanie Mansourian，Nigel Dudley，Daniel Vallauri，2017. Forest landscape restoration：Progress in the last decade and remaining challenges［J］. Ecological Restoration（3514）：281-288.

Grimble R，Chan M，Aglionby J，et al，1995. Tree and trade-offs：A stakeholder approach to natural resource management［J］. IIED，London，UK.

Fisher B，Turner K，Zylstra M，et al，2008 Ecosystem services and economic theory：Integration for policy-relevant research［J］. Ecological Applications（18）：2050-2067.

Allnutt T，Mansourian S，Erdmann T，2004. Setting preliminary biological and ecological restoration target for the landscape of Fandriana-Marolambo in Madagascar's moist forest ecoregion［R］. Switzerland：WWF internal paper.

Forman R，1990. Ecologically sustainble landscapes：The role of spatial configuration［R］. New York：Changing Landscapes：An Ecological Perspective，261-278.

IUCN，WRI，2014. A guide to the restoration opportunities assessment methodology（ROAM）：Assessing forest landscape restoration opportunities at the national or sub-national level［R］. Gland，Switzerland：IUCN Working Paper.

Richards M，Davies J，Yaron G，2003. Stakeholder Incentives in Participatory Forest Management［D］. ITDG Publishing London.

Newton A C，Tejedor N，2011. Principles and Practice of Forest Landscape Restoration：Case studies from the drylands of Latin America［R］. Gland，Switzerland：IUCN.

Yin R，Yin G，2010. China's primary programs of terrestrial ecosystem restoration：Initiation，implementation and challenges［J］. Environ. Manag.，45：429-441

术语和定义

森林景观恢复

森林景观恢复是一个计划的过程，目的是在被砍伐的林地或退化的景观中恢复生态功能和提高人类福祉。它是在已伐林地或已退化景观中重获生态功能和提升人类福祉的长期过程。

［来源：世界自然保护联盟（IUCN）基于自然的解决方案出版物（2016）（Mansourian 等，2005）和（Maginnis 等，2014］

人类福祉

人类福祉有多种组成部分，包括良好生活的基本物质，如安全和足够的生计，足够的食物、住房、衣服和获得货物的途径；健康，包括心理感觉良好和拥有健康的物理环境，如清洁空气和清洁水；良好的社会关系，包括社会凝聚力、相互尊重、帮助他人和养育子女的能力；安全，包括获得自然和其他资源的安全、人身安全以及自然和人为灾害的安全；以及选择和行动的自由，包括实现个人价值观的行动和存在的机会。

［来源：千年生态系统服务评估］

景观方法

景观方法是基于一套新兴的原则，强调适应性管理、利益相关者参与和多个目标，以应对社会对环境和发展权衡的关切。

［来源：Sayer 等，2013］

生物多样性

生物多样性是指各种形式生命的多样性，如物种的多样性（即单个物种内的遗传变异）以及生态系统的多样性。生物多样性对人类社会十分重要。据估计，全球经济的 40% 是以生物产品和生物过程为基础的。贫困人群，特别是那些生活在农业生产力低下地区的人群，尤其依赖于环境的基因多样性。

［来源：生物多样性公约（CBD）］

连通性

外部交换发生在生态单元内景观、水生环境之间的双向流动，其中包括能源、水、火、遗传物质、动物和种子的流动。栖息地的连同促进了交换。

［来源：生态恢复实践的国际原则于标准］

生态系统

根据生物多样性协定，生态系统被理解为植物、动物和微生物群落及其非生物环境的动态复合体，它们作为一个功能单元相互作用。生态系统可能是小而简单的，如独立的池塘，也可能是大而复杂的，如特定的热带雨林或热带海洋中的珊瑚礁。

［来源：世界自然保护联盟（IUCN）］

生态系统功能

包括众多生态系统功能和过程。尺度、生物多样性、稳定性、组织程度、不同集合体之间的物质、能量和信息的内部交换等特性。

［来源：千年生态系统服务评估］

生态系统服务

人类从生态系统中获得的效益。这些效益包括供给服务，如食物和水；调节服务，如洪水和疾病控制；文化服务，如精神、娱乐和文化效益；以及支持服务，如维持地球上生命条件的营养循环。生态系统产品和服务与生态系统服务是同义词。

[来源：千年生态系统服务评估]

适应性管理

通过学习现有项目的结果，持续改进管理政策和实践的系统过程。

[来源：世界自然保护联盟(IUCN)]

利益相关方

利益相关方是指直接或间接受到项目影响的人或群体，以及可能对项目有兴趣和/或有能力对项目结果产生积极或消极影响的人或群体。利益相关方可能包括当地受影响的社区或个人及其正式和非正式代表、国家或地方政府、政要人士、宗教人士、民间团体和有特殊利益的团体、学术界或企业。不同的个人或团体在项目或投资中的"利害关系"是不同的。

[来源：国际金融公司]

退化的林地

因过度采伐木材或非木材林产品、管理不善、反复火灾、放牧或其他干扰或土地利用而严重破坏原有林地，这些干扰或土地利用破坏土壤和植被，以致于在撂荒后抑制或严重延迟森林的重建。

[来源：国际热带木材组织(ITTO)]

退化的森林

指那些只能提供较少的产品和服务，只能维持有限生物多样性的森林。它已经失去了该地点预期的天然森林类型通常所具有的结构、功能、物种组成和（或）生产力。

[来源：国际热带木材组织(ITTO)]

图 1　柯柯牙治理区原始台地地貌

图 2　全民动员，共建美好家园

图 3　柯柯牙绿化工程建设现状

图 4　多种配置模式，实现林地的可持续发展

图 5　节水保墒，水肥一体化，实现经济林地的稳产高产

图 6　政府规划、企业投资与生态产业紧密结合

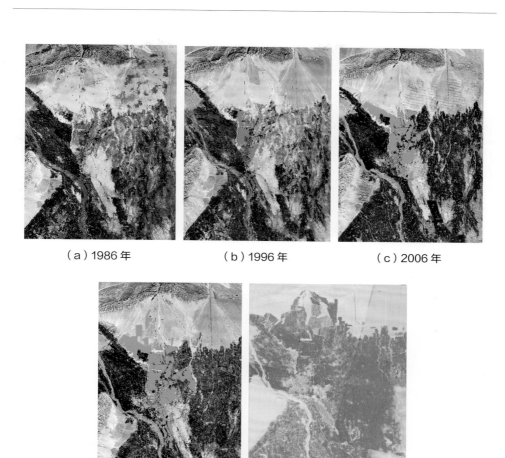

（a）1986 年　　　　　（b）1996 年　　　　　（c）2006 年

（d）2012 年　　　　　（e）2019 年

图 7　柯柯牙绿化工程遥感影像对比

图 8　丰收的硕果，喜悦的心情

图 9　果品加工、机械防治，带动新兴行业发展

图 10　"森林生态银行"合作经营

图 11　林下套种中药材三叶青

图 12　人工促进天然更新造林

图 13　针阔混交造林

图 14　杉木人工纯林引入
　　　阔叶树种楠木

图 15　修复后的森林景观

图 16　培育杉木大径材

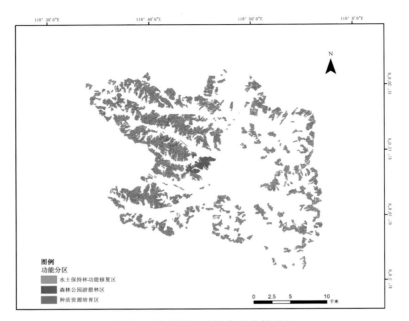

图 17　黄土梁子林场森林功能分区

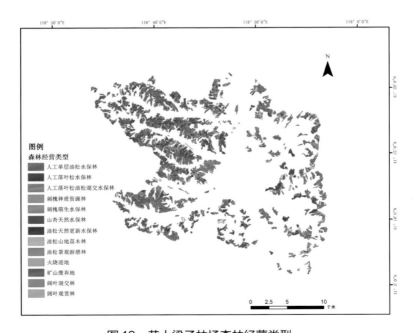

图 18　黄土梁子林场森林经营类型

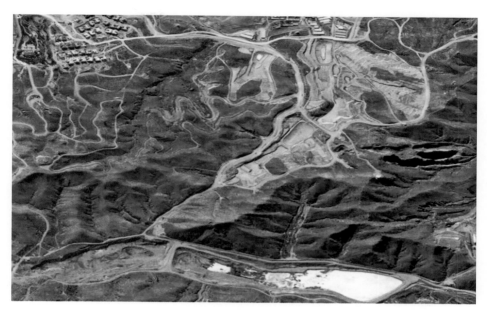

图 19　修复前的荒山景观

图 20　修复过程中的荒山景观

图 21　修复后的森林景观

图 22　修复前的山体景观

图 23　修复后的山体景观

图 24　昆都仑河植被修复前后对比

图 25　修复前的湿地景观

图 26　修复后的湿地景观

图 27　修复后的昆都仑河
　　　湿地及沿岸植被

图 28　退化的森林景观

图 29　退化的马尾松林
　　　改造后的景观

图 30　在退化的杉木纯林
　　　下补植浙江楠以促
　　　进形成针阔混交林

图 31　林木良种基地

图 32　经过森林景观修复改造后的森林和溪流

图 33　彩色森林景观

图 34　森林公园